Leopold Loewenfeld

Untersuchungen zur Elektrotherapie des Rückenmarkes

Leopold Loewenfeld
Untersuchungen zur Elektrotherapie des Rückenmarkes
ISBN/EAN: 9783742856968
Hergestellt in Europa, USA, Kanada, Australien, Japan
Cover: Foto ©berggeist007 / pixelio.de

Manufactured and distributed by brebook publishing software (www.brebook.com)

Leopold Loewenfeld

Untersuchungen zur Elektrotherapie des Rückenmarkes

Untersuchungen

zur

Elektrotherapie des Rückenmarkes.

Von

Dr. L. Löwenfeld
in München.

München.
Verlag von Jos. Ant. Finsterlin.
1883.

Inhalts-Uebersicht.

I. Abschnitt.
Ueber die Treffbarkeit des Rückenmarkes durch elektrische Ströme.

1. Historisches bezüglich der Treffbarkeit des Rückenmarkes durch constante Ströme. 2. Eigene Versuche und klinische Beobachtungen. 3. Bemerkungen über die Treffbarkeit des Rückenmarkes durch Inductionsströme.

II. Abschnitt.
Untersuchungen über die directe elektrische Erregbarkeit des Rückenmarkes.

1. Historisches. 2. Eigene Untersuchungen über die Erregbarkeit des Rückenmarkes während des Lebens und nach dem Tode.

III. Abschnitt.
Untersuchungen über die Einwirkung des constanten Stromes auf die vom Rückenmarke vermittelten Reflexvorgänge.

1. Historisches. 2. Eigene Untersuchungen an Thieren. 3. Klinische Beobachtungen. 4. Experimentelle Untersuchungen an Menschen über die Einwirkung der Galvanisation des Rückens auf verschiedene vom Rückenmarke vermittelte Reflexe.

IV. Abschnitt.
Untersuchungen über die Einwirkung des constanten Stromes und peripherer faradischer Reizung auf die Circulationsvorgänge im Rückenmarke.

1. Einleitende Bemerkungen; Technik der Versuche. 2. Versuche über die Wirkungen in der Längsrichtung in das Rückenmark eingeleiteter Ströme auf die Piagefässe des Rückenmarkes. Schlüsse aus diesen Versuchen und Erklärung der Versuchsergebnisse. 3. Versuche über die Wirkung quer durch das Rückenmark geleiteter Ströme. Schlüsse aus diesen Versuchen. 4. Wirkungen der peripheren faradischen Reizung auf die Piagefässe.

V. Abschnitt.
Wirkungen der therapeutischen Galvanisation des Rückens.

1. Primäre Wirkungen. Hiebei eigene Untersuchungen über den Einfluss der Galvanisation des Rückens auf die Entstehung des Schwindels, die Temperatur der Arme und der Mundhöhle, die Circulation in der Retina, auf die Erregbarkeit der peripheren Nerven und die faradocutane Sensibilität. 2. Secundäre Wirkungen (Erfolge bei verschiedenen Erkrankungen). 3. Erklärung der Wirkungen der therapeutischen Galvanisation des Rückens.

VI. Abschnitt.
Schlussfolgerungen aus vorstehenden Untersuchungen.

VII. Abschnitt.
Die therapeutischen Wirkungen der faradischen Pinselung bei spinalen Erkrankungen.

Literatur-Verzeichniss.

I. Abschnitt.

Ueber die Treffbarkeit des Rückenmarkes durch elektrische Ströme.

Dem Arzte, welcher den elektrischen Strom am Rücken applicirt, in der Absicht, auf das erkrankte Rückenmark einzuwirken, muss sich vor Allem die Frage aufdrängen, ob es denn möglich ist, in das genannte Organ wirksame Ströme einzuleiten. Diese Frage ist eine um so berechtigtere, als man a priori annehmen kann, dass einerseits die bedeutenden das Rückenmark umhüllenden Muskelmassen für den Strom sich als gute Leiter darbieten, andererseits die dasselbe zunächst umgebende Knochenkapsel dem Durchgange des Stromes bedeutenden Widerstand leistet. Remak,[1]) welcher zuerst die Galvanisation des Rückens methodisch anwendete, glaubte auf Grund seiner therapeutischen Erfahrungen diese Frage ohne Weiteres bejahen und die Möglichkeit einer günstigen katalytischen Einwirkung auf einzelne Theile des Rückenmarkes annehmen zu dürfen. Diese Annahme Remak's wurde von v. Ziemssen bekämpft. V. Ziemssen[2]) vertrat bis zum Jahre 1866 die Ansicht, dass die Centralorgane des Nervensystems dem galvanischen Strome bei Anwendung mässiger Intensitäten nicht zugänglich seien, ausser durch Reizung der peripheren Endigungen sensibler oder Sinnesnerven, und dass von einer direkten katalytischen Einwirkung auf das Rückenmark nicht die Rede sein könne, wenn man nicht den sicheren Boden der Thatsachen verlassen wolle. Der Widerspruch einer so gewichtigen Autorität gegen die Angaben Remak's bestimmte Erb, zunächst die hier in Betracht kommenden Verhältnisse einer Prüfung zu unterziehen. Erb[3]) kam zu dem Schlusse, dass die Wirbelsäule in ihrer Gesammtmasse dem Durchgange des Stromes keinen sonderlichen Widerstand biete, da einerseits die Knochen derselben wegen ihres beträchtlichen Wassergehalts und ihrer spongiösen Beschaffenheit, andererseits die die Lücken zwischen den einzelnen Wirbeln ausfüllenden Massen (Blutgefässe, Nerven, Bindegewebsmassen etc.) relativ gute Leiter repräsentiren. Der Nachtheil, der andererseits durch die Nähe gut leitender Muskelmassen und die hiedurch bedingte Ableitung bedeutender Stromquoten gegeben sei, bemerkt E., lasse sich durch Verstärkung der anzuwendenden Ströme wieder ausgleichen. Um jedoch die Frage über das Bereich des theoretischen Raisonnements hinaus zu fördern, wurden von Erb auch Versuche an der Leiche sowohl als am Lebenden angestellt. Der Versuch an der Leiche gestaltete sich folgendermassen:

An einer — schon secirten — Leiche wird der Körper des siebenten Halswirbels und der drei ersten Brustwirbel entfernt; die Dura mater spinalis an dieser Stelle weggeschnitten und das Rückenmark blossgelegt, Alles soviel wie möglich abgetrocknet. Auf das Rückenmark der Nerv. ischiad. eines im Uebrigen wohl isolirten Froschpräparats gelegt. Die Anode wird am Proc. mastoid. die Kathode am sechsten Brustwirbel aufgesetzt; Strom von 24 Elementen mit 3—4 Mm. Wasser eingeschaltet (verhältnissmässig schwacher Strom).

Deutliche Zuckung des Präparats beim Oeffnen und Schliessen der Kette. Diese Zuckungen werden stärker, wenn ich die Anode unmittelbar der Stelle entsprechend aufsetze, wo der Froschnerv liegt, und dabei die Kathode weiter unten am Rücken aufsetze. Ein in der Nähe, auf das Halsbindegewebe gleichzeitig aufgelegtes Froschpräparat zuckt dabei nicht oder schwächer als das dem Rückenmark aufliegende.

„Dieser Versuch beweist allerdings", hebt Erb selbst hervor, „nicht mit absoluter Sicherheit die Möglichkeit des Galvanisirens des Rückenmarks am Lebenden, denn einmal war die Leiche schon secirt und dadurch dem Strome eine gewisse Menge gut leitenden Gewebes entzogen, und dann lässt sich auch am Rückenmarke nicht leicht eine solche Versuchsanordnung treffen, welche das Eindringen von Stromschleifen durch oberflächliche Flüssigkeitsschichten mit Sicherheit ausschliessen liesse." Dagegen glaubte Erb am Lebenden mit einiger Sicherheit den Beweis führen zu können, dass der galvanische Strom in den Rückgratcanal eindringe und die hier befindlichen Gebilde errege. Dieser Beweis sollte durch folgenden Versuch geliefert werden. Er setzte einer Versuchsperson eine grosse Elektrode auf die Gegend der ersten Brustwirbel, die andere quer über die Gegend des zweiten bis dritten Lendenwirbeldornfortsatzes und liess einen Strom von 24 Stöhrer'schen Elementen durchgehen. Wurde die Stromrichtung im metallischen Stromwender rasch geändert, so entstanden hier jedes Mal

Zuckungen in den vom nerv. ischiad. versorgten Muskeln an der hinteren Seite des Oberschenkels, welche Contractionen bezüglich ihrer Stärke bei verschiedener Stromrichtung sich dem Zuckungsgesetze entsprechend verhielten. Nach mehreren Stromwendungen traten auch nach einfachen Unterbrechungen des Stromes Zuckungen in den genannten Muskeln ein und zwar constant die Schliessungszuckung des absteigenden Stromes, selten dagegen und nur nach längerer stabiler Einwirkung des Stromes, die Oeffnungszuckung des aufsteigenden Stromes. Erb schliesst, dass die hier unzweifelhaft stattfindende galvanische Reizung des nerv. ischiad. in Anbetracht der Applicationsstelle der unteren Elektrode (Höhe des zweiten bis dritten Lendenwirbels, woselbst das Ende des Rückenmarkes sich befindet und die den plexus ischiadicus bildenden Nerven nach abwärts verlaufen) innerhalb der Rückgratshöhle stattfinde. Die Richtigkeit dieser Annahme wurde auch durch Controlversuche, in welchen die Elektroden auf dem Nerven nähere, aber vom Rückgratscanal entferntere Stellen aufgesetzt wurden, nachgewiesen; es ergab sich in diesen Versuchen, dass die durch Stromschleifen zum ausserhalb des Rückgratscanals verlaufenden Abschnitte des nerv. ischiad. zu erzeugenden Zuckungen jedenfalls schwächer sind als die vom Rücken aus hervorgerufenen.

Der Erb'sche Versuch am Lebenden wurde von Brenner[4]) an vielen Personen wiederholt und das von Erb Beobachtete vollkommen bestätigt. Bei jedem beliebigen Individuum, bemerkt Br., gelingt der Versuch nicht. Br. erwähnt ferner eines Versuches, welcher eine Art Ergänzung zu dem Erb'schen Experimente darstellt und ebenfalls für das Eindringen von Stromschleifen in die Rückgratshöhle spricht. Es wird hiebei der constante Strom am Rücken applicirt und die Stellung der Elektroden wie im Erb'schen Versuche gewählt. Wird der Strom in absteigender Richtung geschlossen, so entstehen mehr oder weniger deutliche excentrische Sensationen im Unterschenkel, der Fusssohle und den Zehen; bei aufsteigender Stromrichtung sind diese Sensationen minder deutlich, oder sie bleiben auch ganz aus. Bei Belassung der Kathode über den Lendenwirbeln können die genannten Empfindungen auch bei gewissen anderen Stellungen der Anode, z. B. auf dem Nacken, den mittleren Brustwirbeln, selbst bei Applicirung auf von der Wirbelsäule entfernte Punkte hervorgerufen werden. „Diese Erscheinungen gestalten sich bei verschiedenen Personen nicht ganz gleichmässig, und bei Vielen gelingt dieser Versuch überhaupt nicht. Oefter und deutlicher gelingt dieser Versuch mit inducirten Strömen und auch hier ist die excentrische Empfindung sicherer hervorzurufen und intensiver, wenn die Kathode (der Oeffnungsströme) den Lendenwirbeln entspricht."
Der Erb'sche Versuch an der Leiche erhielt eine wichtige

Bestätigung und Ergänzung durch weitere Leichenversuche, welche von Burkhardt[5]) und vón Ziemssen[6]) ausgeführt wurden. B. applicirte den Strom einer Hipp'schen Zinkkohlenbatterie von 24 Elementen derart, dass er an der Rückseite einer hohlliegenden Leiche eine Elektrode an den obersten Theil der Halswirbelsäule und die andere an den ersten und zweiten Lendenwirbel anbrachte. Durch Bohrlöcher in den Körpern des dritten und siebenten Brustwirbels, welche bis auf die Meningen reichten, wurden Stahlnadeln in das Rückenmark eingeführt, welche mit einem Galvanometer in Verbindung gebracht wurden. Bei Kettenschluss ergab sich Ablenkung der Nadel in der Stromrichtung, bei Stromwechsel umgekehrte Ablenkung. In einem ähnlich angeordneten Versuche an einer zweiten Leiche ergab sich ebenfalls kräftige Nadelablenkung mit der Stromesrichtung. Auch von Ziemssen erhielt in seinen nach der Burckhardt'schen Methode angestellten Versuchen positive Resultate. Die Intensität der Zweigströme erwies sich als eine geringe; die Richtung derselben als durch die Richtung des Hauptstromes bestimmt und mit dieser wechselnd. Die Methode der Freilegung des Rückenmarks (ob von vorne oder hinten), zeigte sich für das Resultat gleichgültig. Auf beiden Wegen wurden ziemlich gleich starke Ausschläge erzielt, wenn der eine Pol am Nacken und der andere am Kreuzbeine stand.

Was meine eigenen Erfahrungen bezüglich der Treffbarkeit des Rückenmarkes durch elektrische Ströme anbelangt, so sind dieselben mehrfacher Art. Zunächst muss ich erwähnen, dass ich den Erb'schen Versuch an mehreren Personen wiederholte, um, wenn möglich, über die von Stromschleifen wirksam afficirten Nervengebiete eingehendere Aufschlüsse als Erb und Brenner zu erlangen. Ich wandte hiebei Ströme von 18—26 Stöhrer'schen Elementen — diese durchgehends von kräftigster Wirkung — meist je um 2 Elemente steigend an. Wurde der Versuch bei liegender Stellung des Individuums vorgenommen, (wie es bei Erb immer der Fall gewesen zu sein scheint), so traten bei absteigender Stromrichtung, abgesehen von den Contractionen der Rückenmuskulatur etc. zunächst Zuckungen in der Glutaeis, alsdann solche in den Muskeln an der Hinterfläche des Oberschenkels, aber nur von geringer Stärke, später energische Contractionen dieser Muskeln und hiemit Beugung des Unterschenkels gegen den Oberschenkel, zuletzt Streckung des Fusses neben geringerer Beugung des Unterschenkels ein. Stand die Versuchsperson, so stellten sich bei gleicher Stellung der Elektroden (— Pol Lendenwirbel, + Pol oberste Brustwirbel) und gleicher Stärke des Stromes ebenfalls zunächst Contractionen der Glutaei, sodann solche in der Muskulatur an der Hinterfläche des Oberschenkels, zuletzt energische Streckung der Füsse ein, derart, dass beide Fersen vom Boden abgehoben wurden und der Körper nur auf den Köpfen der Metatarsalknochen ruhte. Bei aufsteigender Stromrichtung ergab die Schliessung des Stromes anfänglich (18—22 Elemente) meist nur Contractionen der Glutaei, nur in einem Falle zugleich solche der Beugemuskeln am Oberschenkel; Beugung des Unterschenkels gegen den Oberschenkel oder Streckung des Fusses liess sich bei dieser Stromrichtung nie erzielen, ebensowenig eine Oeffnungszuckung der Oberschenkelmuskulatur. Zuckungen im Bereiche der vom N. cruralis und obturatarius versorgten Muskeln konnte ich weder bei ab- noch bei aufsteigender Stromrichtung wahrnehmen*). Auch gelang es mir nie excentrische Sensationen in den Unterextremitäten bei meinen Versuchspersonen hervorzurufen. In einem Falle trat während des Versuches beträchtliches Schwitzen der Hände ein.

Die nachstehend mitgetheilten zwei Versuche mögen das eben Angeführte zum Theil illustriren.

A. Versuchsperson stehend.

1 Pol oberster Theil der Brustwirbelsäule
1 Pol Lendenwirbelsäule; Stöhrersche Batterie.

Nach wiederholten Wendungen

20 El. ↓ Str.: Contraction der Glutaei und der Muskulatur an der Hinterseite des Oberschenkels.
↑ Str.: Bewegung der Rücken- und Schultermuskulatur.
22 El. ↓ Str.: Das Gleiche wie bei 20 El., nur etwas stärker, zugleich Contraction der Rückenmuskulatur.
↑ Str.: Bewegung der Rücken- und Schultermuskulatur.
24 El. ↓ Str.: Contraction der Glutaei und der Muskulatur an der Hinterfläche des Oberschenkels, ferner Hebung beider Beine vom Boden (des einen stärker als des anderen), derart, dass der Körper nur mehr auf die Köpfe der Metatarsalknochen sich stützt; zugleich beträchtliche Bewegungen der Schultermuskulatur, Wegschleudern der Arme vom Thorax etc. etc.
↑ Str.: Contraction der Rücken- und Schultermuskular, Bewegung der Arme, Contraction der Glutaei.

---

*) Die Constatirung dieses Umstandes geschah in besonderen Versuchen, da es natürlich einem Beobachter nicht möglich ist, die Vorgänge an der Vorder- und an der Rückfläche des Körpers gleichzeitig zu controliren.

B. Versuchsperson liegend.

Absteigender Strom.

15 El.: —
17 El.: —
18 El.: Zuckung der hinteren Oberschenkelmuskulatur, Beugung des linken Unterschenkels zum stumpfen Winkel.
20 El.: Beugung des Unterschenkels erst nach einigen Secunden, Zusammenziehen des Bauches.
21 El.: Dessgleichen.
22 El.: Geringere Beugung des Unterschenkels. Streckung des Fusses (Contraction der Wadenmuskeln).
22 El.: Abermals geringere Beugung des Unterschenkels und Streckung des Fusses. Dabei enorme Contractionen der Bauchmuskeln und im Innern des Bauches (nach Angabe der Versuchsperson).

Weitere Steigerung des Stromes wird nicht ertragen.

Wie ersichtlich stimmen meine Beobachtungen mit den Erb'schen überein, soweit diese letzteren reichen. Des Weiteren erhellt aus meinen Versuchen, dass die Zahl der erregten Wurzelfasern mit der Stärke des am Rücken applicirten Stromes wächst. Auffallend und durch die anatomischen Verhältnisse nicht zu erklären ist der Umstand, dass selbst bei den bedeutendsten der anwendbaren Stromstärken die hinteren Wurzelfasern unerregt bleiben können, und auch von den vorderen Wurzeln einzelne anscheinend regelmässig der Reizung entgehen.*)

In der Therapie sind wir nur selten in der Lage, Stromstärken anzuwenden, wie sie in den eben angeführten Versuchen von Burckhardt, Erb und mir gebraucht wurden. Zumeist müssen wir uns mit viel geringeren Intensitäten begnügen. Dass aber auch bei Anwendung sehr mässiger Ströme Stromschleifen in das Innere des Spinalcanales eindringen können, kräftig genug, um physiologische Wirkungen hervorzurufen, hiefür

---

*) Die Muskeln, welche bei den geschilderten Versuchen neben den Rückenmuskeln vorzugsweise in Contraction treten (Gesässmuskeln, Kniebeuger, Wadenmuskeln) beziehen nach den Untersuchungen Ferrier's und Yeo's[7] beim Affen ihre motorischen Fasern wesentlich aus dem siebenten und sechsten Lumbarnerven, welche dem ersten Sacral — und fünften Lumbarnerven beim Menschen entsprechen sollen. Hievon weichen die Angaben von Kahler und Pick[6] bezüglich der Wadenmuskulatur allerdings etwas ab. Nach den Ermittlungen dieser Autoren in einem Falle von Poliomyelitis anterior mit Schwund der Wadenmuskulatur sollen die Wadenmuskeln hauptsächlich von der vierten und fünften Lendenwurzel versorgt werden.

ermangelten wir bisher eines ganz stringenten Beweises. Der Zufall brachte mich in den Besitz einer Erfahrung, welche diesem Mangel abhilft. Bei einer Rückenmarkskranken, zugewiesen durch Herrn Dr. Doldi dahier, welche ich längere Zeit zu beobachten Gelegenheit hatte (Fall von Myelitis disseminata*), und bei welcher unter anderen excentrischen Sensationen zeitweilig ein mehr minder intensives Constrictionsgefühl, von der Gegend der unteren Brustwirbel nach vorne gegen das epigastrium ausstrahlend bestand, wurde dieses Constrictionsgefühl durch absteigend am Rücken applicirte constante Ströme von mässiger Intensität (7—8 Stöhrer'sche Elemente) immer nach wenigen Augenblicken in intensiver Weise hervorgerufen oder, wenn schon vorher bestehend, bedeutend verstärkt; durch aufsteigende Ströme dagegen wurde dieses Gefühl zumeist überhaupt nicht und wenn, so nur in ganz geringem Maasse und erst nach längerer Stromdauer producirt. Diese Beobachtung nöthigte mich schliesslich, von der Anwendung absteigender Ströme wegen der dadurch der Patientin verursachten Belästigung abzusehen. Ich habe ferner nach wochenlangen Pausen den Versuch der Application absteigender Ströme wiederholt, in der Voraussetzung, dass sich mittlerweile die Wirksamkeit derselben bezüglich des erwähnten Gürtelgefühles geändert haben könnte; es zeigte sich jedoch immer wieder die erwähnte Wirkung und zugleich die früher beobachtete Differenz in dem Einflusse ab- und aufsteigender Ströme. Die Entstehung, resp. Steigerung des Gürtelgefühles während der Galvanisation des Rückens im vorstehenden Falle lässt sich nur dadurch erklären, dass in den Spinalkanal eindringende Stromschleifen gewisse im Zustande gesteigerter Erregbarkeit oder der Erregung befindliche Wurzelfasern in den Erregungszustand (beziehungsweise in stärkere Erregung) versetzten. Dass diese Wirkung im Wesentlichen sich auf absteigende Ströme beschränkte, ist darin begründet, dass bei diesen Strömen die stärker erregende Kathode auf die betreffenden Wurzelfasern ihren Einfluss ausübte**).

---

*) Die betreffende Patientin wurde in ihren letzten Lebensmonaten von Herrn Dr. G. von Hösslin dahier behandelt, durch dessen Güte ich in der Lage war, der Autopsie beizuwohnen.
**) Während des Druckes dieser Arbeit ersehe ich aus einem mir durch Herrn Dr. Möbius gütigst zugesandten Separatabdrucke seines Aufsatzes „Neuropathologische Notizen" (Betz's Memorabilien, 1881 viertes und fünftes Heft), dass dieser Autor eine ähnliche Beobachtung bei einem Neurastheniker gemacht hat. Bei dem betreffenden Patienten traten, wenn die Anode am Nacken stand und die Kathode über die unteren Dorsalwirbel geführt wurde, ziemlich regelmässig dem Gürtelgefühle ähnliche Sensationen ein. Ueber die Stromstärke, welche zur Hervorrufung dieser Sensationen erforderlich war, ist jedoch nichts bemerkt.

Wir sehen also, dass die Einleitung von Stromschleifen von psysiologischer Wirksamkeit in die Wirbelhöhle bei Anwendung mässiger Stromstärken möglich ist. Hiebei ist jedoch sehr zu berücksichtigen, dass die in Betracht kommenden Leitungsverhältnisse — i. e. der Widerstand der Haut, Wirbelknochen u. s. w. — bei verschiedenen Personen ausserordentlich variiren. Ueberblicken wir die im Vorstehenden angeführten Beobachtungen, so finden wir zunächst durch die Versuche Erb's, Burckhardt's und von Ziemssen's in unangreifbarer Weise dargethan, dass man bei Leichen durch Application constanter Ströme am Rücken Stromschleifen in das Rückenmark senden, und die Richtung dieser Stromschleifen bestimmen kann. Da beim Lebenden die Verhältnisse für das Eindringen von Stromschleifen noch günstiger liegen, so ist hiemit schon sehr wahrscheinlich gemacht, dass es auch beim Lebenden gelingt, constante Ströme in das Innere der Wirbelsäule einzuleiten. Für die Möglichkeit besitzen wir ferner in den Ergebnissen der Versuche von Erb, Brenner und mir, sowie in verschiedenen klinischen Beobachtungen (Auftreten excentrischer Sensationen, von Muskelzuckungen, Aenderung an der Reflexerregbarkeit des Rückenmarks während der Galvanisation des Rückens), sehr gewichtige directe Beweismomente. Hiemit ist jedoch noch keineswegs die Frage erledigt, ob es möglich ist, bei Anwendung der in der Therapie gebräuchlichen Stromintensitäten und Applicationsweisen (percutan) therapeutisch wirksame Stromschleifen in das Rückenmark zu senden, i. e., Stromschleifen, welche ebensowohl die Ernährungs- als die Erregbarkeitsverhältnisse des Rückenmarks in entschiedener Weise zu beeinflussen vermögen. Die Antwort auf diese Frage kann nur die klinische Erfahrung geben, welche uns in diesem Punkte auch durchaus nicht im Zweifel belässt. Das nahezu einstimmige Zeugniss der Electrotherapeuten der Jetztzeit geht dahin, dass wir in der Lage sind, durch Galvanisirung des Rückens verschiedene Krankheitsformen des Rückenmarkes zu bessern und zum Theil sogar zu heilen. Zwar ist meines Erachtens die gegenwärtig fast allgemein acceptirte Ansicht, dass die bei Galvanisirung des Rückens erzielten therapeutischen Effecte lediglich auf directe Einwirkung des Stromes auf das erkrankte Rückenmark zurück zu führen seien, nicht haltbar. Allein den überwiegenden Theil jener Veränderungen in den Zuständlichkeiten des Rückenmarkes, auf welchen die therapeutischen Resultate beruhen müssen, können wir nach unseren gegenwärtigen Erfahrungen wohl nur auf directe Einwirkungen des Stromes auf das Rückenmark und dessen Häute zurück führen, und somit besteht für uns zur Zeit kein Grund zu bezweifeln, dass wir vom Rücken aus therapeutisch wirksame constante Ströme in die Wirbelhöhle einzuleiten in der Lage sind.

Auch die Treffbarkeit des Rückenmarkes durch den Inductionsstrom lässt sich nicht bezweifeln. Zwar wird letzterem auf Grund von Untersuchungen von Helmholtz[9]) eine geringere Fähigkeit in die Tiefe zu dringen zugeschrieben als dem constanten Strome. Brenner's und meine Erfahrungen sind jedoch nicht geeignet, diese Auffassung, wenigstens soweit es sich um die Anwendung faradischer Ströme am Rücken handelt, zu bestätigen. Brenner bemerkt, wie bereits erwähnt wurde, dass es öfter und deutlicher mit inducirten Strömen gelinge die bekannten Parästhesien in den Unterextremitäten hervorzurufen, wenn die Kathode der Oeffnungsströme an die Lendenwirbel applicirt werde. Ich war im Stande, in mehreren Fällen schon bei Anwendung mässiger Inductionsströme *) am Rücken in den Unterextremitäten verschiedenartige excentrische Sensationen hervorzurufen, während solche bei Application constanter Ströme von 30—35° Nadelausschlag (Galvanometer von Krüger) nicht eintraten. Die Einleitung von Inductionsströmen in die Wirbelhöhle scheint sich demnach unter Umständen sogar leichter als die von constanten Strömen zu gestalten.

II. Abschnitt.

Untersuchungen zur Frage der directen elektrischen Erregbarkeit des Rückenmarkes.

Untersuchungen über die Wirkungen künstlicher Reizung des Rückenmarkes wurden von einer Anzahl von Forschern von den ersten Decennien dieses Jahrhunderts anfangend angestellt (Charles Bell, Flourens, Magendie). Es scheint jedoch Longet[10]) der Erste gewesen zu sein, welcher Versuche über den Erfolg electrischer Reizung des Rückenmarkes unternahm. Er durchschnitt bei einem Hunde das Rückenmark im Niveau des letzten Brustwirbels und fand bei galvanischer Reizung der Hinterstränge des unteren Markabschnittes, dass keine Bewegung der Hinterextremitäten eintrat. Bei Reizung eines oder beider Vorderstränge beobachtete er heftige Muskelzuckungen in dem einen oder in beiden Hintergliedern, mehrmals auch bei Reizung nur eines Vorderstranges Zuckungen in beiden Extremitäten.

---

*) Genauere Angaben bezüglich der Stromstärken sind mir nicht möglich, weil die betreffenden Beobachtungen bei Anwendung sehr verschiedener Inductionsapparate gemacht wurden.

Bei Reizung der Seitenstränge ergaben sich erheblich geringere Contractionen als bei Reizung der Vorderstränge. Reizung der Hinterstränge des vorderen Markabschnittes löste heftige Schmerzäusserungen aus, Reizung der Seiten- und Vorderstränge bewirkte keinerlei Muskelcontraction am Rumpfe oder an den Vorderextremitäten des Thieres. Longet schloss hieraus, dass sich die Vorder- und Hinterstränge des Rückenmarkes dem elektrischen Reize gegenüber wie die entsprechenden Nervenwurzeln verhalten.

E. Weber[11]) sah bei Reizung des Rückenmarkes (Frosch) vermittelst des Stromes eines Rotationsapparates bei entsprechender Stärke des Stromes alle Muskeln des Rumpfes und der Glieder in tetanische Contraction eintreten. Dieser Erfolg wurde erzielt sowohl bei Application der Elektroden an das obere und untere Ende des Rückenmarkes, als bei Application beider Elektroden an einen Theil des Rückenmarkes. Nach Durchschneidung des Rückenmarkes in der Mitte und Reizung der hinteren (unteren) Hälfte sah er nur Contraction der Muskeln der Hinterextremitäten erfolgen. Weber erschloss hieraus, dass die Muskelcontractionen bei Reizung des Rückenmarkes nicht durch Diffusion des Stromes zu den Vorderwurzeln, sondern durch Erregung des Markes selbst zu Stande kamen, da die Durchschneidung des Markes die Diffusion des Stromes nach oben und somit die Reizung der oberen Vorderwurzeln nicht verhindern konnte. Van Deen[12]), welcher zuerst und zwar schon im Jahre 1841 den Satz aufstellte, dass das Rückenmark für künstliche Reize unerregbar sei, suchte diese Lehre auch speziell für den elektrischen Reiz durch Versuche an Fröschen und Kaninchen zu erhärten. Er legte bei Fröschen das Rückenmark nebst dem verlängerten Marke und dem Gehirne bloss, schnitt alle Nervenwurzeln, sensible wie motorische, durch, mit Ausnahme derjenigen der vier letzten Rückenmarksnerven, welche für die Hinterfüsse bestimmt sind; hierauf wurden alle Körpertheile in der Ausdehnung, in der die Centraltheile von den Nervenverbindungen abgelöst waren, weggeschnitten, so dass nur mehr die unteren Körpertheile verblieben. Liess er an dem derart hergerichteten Präparate einen constanten Strom auf das Gehirn, die Vierhügel und den grössten Theil des verlängerten Markes einwirken, so konnte er beim Schliessen und Oeffnen der Kette in der Regel keine Bewegung in dem hintersten Theile des Körpers beobachten. Wurden dagegen die Elektroden nach dem untersten Theile des verlängerten Markes und dem obersten des Rückenmarkes verschoben, so traten bisweilen beim Schliessen und Oeffnen der Kette einige leichte Muskelzuckungen, namentlich in den untersten Muskeln des Bauches und in denen der Füsse ein. Diese Bewegungen fanden eher statt, wenn die Vorderstränge als wenn die Hinterstränge der Einwirkung des constanten Stromes ausgesetzt wurden. Van Deen schliesst hieraus nicht etwa, dass dem Rückenmarke eine gewisse Empfänglichkeit für den Reiz des constanten Stromes zukommen müsse, sondern erklärt die beobachteten Bewegungen dadurch, dass einige Fasern der nicht durchschnittenen Nervenwurzeln in den Vordersträngen von unten nach oben dahinziehen und sich noch in diesen an jener Stelle befinden (i. e. noch nicht in die graue Substanz übergetreten sind), an welcher die Elektricität zur Anwendung kam. Bei Anwendung des Inductionsstromes erhielt er dieselben Ergebnisse wie mit dem constanten Strome. In anderen Versuchen wurde der unterste Theil des Rückenmarkes blossgelegt, alle Nerven, mit Ausnahme der für die Vorderfüsse bestimmten, dicht am Rückenmark abgeschnitten und alle Theile des Körpers bis auf die vordersten mit den beiden Vorderfüssen abgeschnitten. Einschaltung des untersten Rückenmarksabschnittes ergab keine Zeichen von statthabender Empfindung. Es wurde ferner diesem Präparate auch noch der Kopf hinter dem Trommelfell weggeschnitten und der hintere Rückenmarksabschnitt dem elektrischen Reize ausgesetzt; es erfolgte keine Reflexbewegung von Seite der Vorderfüsse. Man wird diesen letzteren Versuchen wohl nur geringe Beweiskraft zuerkennen dürfen, noch weniger besitzen jedoch die Versuche van Deen's an Kaninchen. Diese wurden lediglich an dem Rückenmark getödteter Thiere angestellt; es bedarf desshalb wohl keines Eingehens auf dieselbe.

Schiff[13]) erklärt die Hinterstränge zwar für empfindlich, ist jedoch geneigt, die Empfindlichkeit derselben von den durchtretenden Wurzelfasern abhängig zu machen. Die Bewegungen, welche bei Reizung der Vorderstränge sich ergeben, sind nach ihm nur durch Erregung von Fortsetzungen vorderer Wurzelfasern, welche diese Stränge durchsetzen, bedingt; die Längsfasern der Vorderstränge sind nicht erregungsfähig durch künstliche Reize, sondern nur erregungsleitend (kinesodisch), das Gleiche soll für die graue Substanz des Rückenmarkes gelten. Indess bediente sich Schiff bei seinen Versuchen vorzugsweise der mechanischen Reizung, da er solche mit dem galvanischen Strome für unzulänglich zur Beweisführung hielt.

Chauveau[14]), welcher seine Versuche nur an Säugern anstellte, fand bei Reizung des Rückenmarkes mit schwachen Inductionsströmen, dass die Oberfläche der Hinterstränge die einzige Stelle ist, von welcher aus eine Reaction sich erzielen lässt, und zwar eine Reaction, die der bei Reizung der Hinterwurzeln völlig gleicht: Schmerzäusserungen und (reflectorische) Bewegungen. Elektrische Reizung der Vorder- und Seitenstränge, der grauen Substanz und der tieferen Lagen der Hinterstränge mit gleichen Strömen hatte keine Wirkung. Die Bewegungen, welche bei Elektrisirung der Vorderseitenstränge mit starken

Strömen erfolgen, erklärt Chauveau von Diffusion der Ströme nach den Hintersträngen oder den spinalen Nervenwurzeln abhängig.

P. Guttmann[15]) wiederholte die van Deen'schen Versuche am Frosche und gelangte zu den gleichen Ergebnissen wie letzterer Forscher. Er constatirte bei Anwendung sehr schwacher Inductionsströme, dass nur bei Application der Elektroden in der Nähe der Nervenwurzeln Bewegungen (Reflexbewegungen) sich ergeben, und dass bei Reizung des Rückenmarkes an einer zwischen zwei Nervenwurzeln gelegenen Stelle kein Erfolg eintritt. Von der Anwendung stärkerer Ströme stand er wegen der unvermeidlichen Diffusion solcher ab.

Engelken[16]), welcher auf Professor Fick's Anregung die Frage der Erregbarkeit des Rückenmarkes einer erneuten Prüfung am Froschrückenmark unterzog, bediente sich bei seinen Versuchen ebenfalls des Inductionsapparates. Er fand bei Application der Elektroden an verschiedenen Stellen des Rückenmarkquerschnittes, dass die eintretenden Bewegungen geordnete und stets geringere Stromstärken zur Erzielung eines Reizerfolges bei Anlegung der Elektroden an die Hinterstränge erforderlich waren, ferner dass nach Durchschneidung des Rückenmarkes eine Strecke weit unterhalb der Reizstelle bei Anwendung der gleichen Stromstärken nie Bewegungen eintraten. Die erwähnten geordneten Bewegungen der Hinterextremitäten wurden ferner von E. bei Anwendung hinreichender Stromstärken auch an einem Froschpräparate erzielt, an welchem nur der hintere Theil des Thieres nebst dem aus dem Wirbelkanale herausgenommenen Rückenmarke, welches nur mehr mit den den Hinterextremitäten angehörigen Nervenwurzeln zusammenhing, erhalten war. Der Verdacht einer directen Reizung der Wurzelfasern des Ichiadicus durch Stromschleifen wurde durch controlirende Markdurchschneidung zu beseitigen versucht. Um dem Einwande der reflectorischen Natur der betreffenden Bewegungen zu begegnen, wurden ferner an einem weiteren Präparate die Hinterstränge und ein grosser Theil der grauen Substanz in einer Ausdehnung von 6—10 Mm. abgetragen. Auch hier ergab Application der Elektroden vorne an die Vorderstränge geordnete Bewegungen der Hinterextremitäten; nach querer Durchschneidung des Rückenmarkes innerhalb der verstümmelten Partie trat bei gleicher Stromstärke kein Erfolg mehr ein; um einen solchen zu erzielen, musste die Stromstärke colossal gesteigert werden.

Derselbe Versuch wurde am Kaninchen mit gleichem Ergebnisse wiederholt. Die Engelken'schen Versuche wurden von Wislockiego[17]) und S. Mayer[18]) einer Nachprüfung unterzogen. W. konnte die von Engelken beschriebenen geordneten Bewegungen nicht beobachten, dagegen fand er, dass der durch Reizung des Rückenmarkes bewirkte Tetanus der Hinterextremitäten des Frosches auch nach Durchschneidung des Rückenmarkes unterhalb der gereizten Stelle fortdauerte, was für eine Entstehung des Tetanus durch Stromschleifen in die Wurzeln des nervus ischiadicus spricht. S. Mayer beobachtete zwar bei Reizung des Halsmarkes mit Strömen von einer gewissen Stärke die erwähnten geordneten Bewegungen der Hinterbeine, aber nur an sehr reizbaren Fröschen. Er constatirte auch, dass nach Durchschneidung unterhalb der gereizten Stelle die Bewegungen aufhörten. Er hält jedoch diese Bewegungen nicht für durch directe Erregung der Vorderstränge hervorgerufene, sondern für reflectorische. Im Gegensatze zu Engelken sah er in der Mehrzahl der Fälle die betreffenden Bewegungen bei Reizung der Hinterstränge früher eintreten als bei der der Vorderstränge. Er konnte bei sorgfältiger Abtragung der Hinterstränge eine Fortdauer der Bewegung nicht constatiren: ferner fand er, dass sich durch Reizung der sensilben Wurzeln oder des Stammes des nervus brachialis mit derselben oder einer etwas höheren Stromstärke diese Bewegungen ebenso gut wie bei Reizung des Rückenmarkes selbst produciren liessen; endlich gelang es ihm in einer Anzahl von Versuchen durch Versetzung der sensiblen Wurzeln in elektrotonischen Zustand einen deutlichen Einfluss auf den Erfolg der Rückenmarksreizung auszuüben, alles Umstände, welche die reflectorische Natur der betreffenden Bewegungen erweisen sollen. Fick[19]) trat den gegen die Engelken'schen Versuche erhobenen Einwänden in einer weiteren Arbeit entgegen, in welcher er mit aller Entschiedenheit dabei stehen blieb, dass nach vollständiger Abtragung der Hinterstränge (beim Frosche) durch Reizung der Vorderstränge Bewegungen in den hinteren Extremitäten sich auslösen lassen, und dass nach Durchschneidung der Vorderstränge selbst bei höheren Stromstärken Reizung des abgetrennten Theiles keine Bewegung mehr hervorruft. Eine solche trat in seinen Versuchen erst bei sehr viel höheren Stromstärken ein; hiedurch wird die Möglichkeit ausgeschlossen, dass die hervorgerufenen Bewegungen durch Stromschleifen nach den betreffenden Vorderwurzeln oder nach weiter abwärts gelegenen Hinterwurzeln und Erregung dieser als Reflex zu Stande kamen. Die Möglichkeit, dass die beobachteten Bewegungen durch Reizung von hinteren Wurzelfasern, welche mit den abgetrennten Vordersträngen etwa im Zusammenhang geblieben sein konnten, zu Stande kamen, wurde durch die von Recklinghausen ausgeführte mikroskopische Untersuchung beseitigt, welche in dem abgeschnittenen Markstücke bei genauer Durchforschung nichts von Wurzelfasern nachzuweisen vermochte.

Budge[20]) trat gleichfalls auf die Seite Ficks. Er führt als weiteren Beweis für die Reizbarkeit der vorderen Rückenmarksstränge die von ihm nachgewiesene Thatsache an, dass man bei Säugern durch elektrische Reizung des Rückenmarkes (ebenso des verlängerten Markes und der pedunculi cerebri) Contraction der Harnblase hervorbringen kann. Dass diese Contraction nicht durch Stromschleifen zu den Blasennerven bedingt sein kann, erhellt nach B. daraus, dass dieselbe niemals eintritt, wenn man das Rückenmark an einer beliebigen Stelle durchschneidet und vor (oberhalb) dieser elektrisch reizt. Da ferner nach Abtragung der hinteren Rückenmarkshälfte die Contraction der Blase bei Reizung der vorderen Hälfte jedesmal eintritt, dagegen nach Abtragung der vorderen (unteren) Rückenmarkshälfte keine Spur von Bewegung eine vorhergegangene Erregung bekundet, so hält B. die Möglichkeit einer reflectorischen Erregung der Blasencontraction für ausgeschlossen und den Verlauf der betreffenden (elektrisch erregbaren) Bahnen in den Vordersträngen für erwiesen.

Aladoff[21]) fand bei Hunden, Kaninchen und Fröschen nach vollständiger Entfernung der grauen Substanz mechanische und elektrische Reizung der Vorderstränge wirkungslos, während die Reizung von Erfolg war, so lange Spuren der grauen Substanz mit den Vordersträngen in Verbindung blieben. A. schloss hieraus, dass zwar die Cinerea des Rückenmarkes reizbar ist, die Vorderstränge dagegen wahrscheinlich nicht erregbar (für künstliche Reize) seien.

Die Fick'schen Behauptungen wurden neuerdings von Huizinga[22]) angegriffen, welcher Fick u. A. gegenüber den von seinem Lehrer van Deen aufgestellten Satz von der Unerregbarkeit des Rückenmarkes durch neue Versuche aufrecht zu erhalten sich bemühte. H. fand, dass nach Durchschneidung der Vorderstränge am entsprechend zugerichteten Froschpräparate mit Vermeidung jeglicher Zerrung dieser Stränge Bewegung der Hinterextremitäten von dem oberen Stumpfe aus bei nahezu gleicher Stromstärke wie vor der Durchschneidung sich auslösen lässt, höchstens eine ganz geringe Verstärkung des Stromes erforderlich ist, um die Zuckung in der früheren Stärke hervortreten zu lassen. Wenn Fick Zuckung erst bei bedeutend stärkeren Strömen erhielt, so erklärt sich dies nach H. durch ungenaue Aneinanderlagerung der Schnittflächen. Die beobachteten Zuckungen hält H. daher für Wirkung von Stromschleifen, welche die vorderen Wurzeln trafen. Als weitere Stützen für diese Ansicht führt H. an, dass man gleichfalls Bewegung der Hinterextremitäten erhält, wenn man auf die Vorderfläche des unteren Theiles des Rückenmarkes nach der Entfernung des oberen Theiles ein Stück zusammengerollter Froschhaut oder gekochten Froschmuskel legt und das entfernte Ende desselben reizt oder den oberen Theil des Rückenmarkes durch Wärme oder Schwefelsäure tödtet und den todten Rückenmarkstheil reizt. Die Zuckungen bei Reizung des unversehrten Markes erklärt H. mit S. Mayer für wenigstens theilweise reflectorischer Natur.

Auf van Deen's Seite trat ferner Mumm[23]). Er konnte bei grossen reizbaren Fröschen nach Abtragung der Hinterstränge bis zum fünften Rückennerven bei Anwendung der nöthigen Vorsicht und Ausschliessung von Stromschleifen durch electrische Reizung des verlängerten und vorderen Rückenmarkes keine Zuckung in den Muskeln der Hinterbeine hervorbringen. Gegen Van Deen erhob sich dagegen wieder Dittmar[24]). Dieser Forscher suchte unter Ludwig's Leitung die von Bezold u. A. eruirte Thatsache, dass jede Reizung eines sensilben Nerven reflectorisch eine Blutdrucksteigerung durch Contraction der Ringmuskeln der kleinsten Arterien hervorruft, zur Entscheidung der Frage von der Reizbarkeit der Rückenmarkssubstanz und zwar speziell der „ästhesodischen Substanz" zu verwerthen. Er verwendete Kaninchen als Versuchsthiere und stellte unter anderen Versuchen folgenden als experimentum crucis an. Er legte dem curarisirten Thiere das Rückenmark auf einige Wirbellängen bloss und durchschnitt es im unteren Theile der Wunde. Hierauf wurde durch Längsschnitte die hintere Markmasse bis in die Hinterhörner hinein von den übrigen Theilen des Rückenmarksstumpfes (Vorderstränge, grösster Theil der Seitenstränge und der grauen Substanz) abgelöst und die vorderen Wurzeln durchtrennt. An die obere Grenze der präparirten Markpartie, welche durch eine untergeschobene Guttaperchaplatte vom Thierkörper isolirt und vor dem Vertrocknen durch Serum oder $1/2 \%$ Kochsalzlösung geschützt war, wurde der Nerv eines Froschschenkelpräparates angelegt. Dittmar fand nun bei Reizung des der Hinterstränge beraubten Stumpfes, dass das Rückenmark sogar „eines der reizbarsten Gebilde des Thierkörpers ist." Wechselströme, welche an der Zungenspitze nicht gefühlt werden konnten, waren im Stande, eine nicht unbedeutende Drucksteigerung zu erzeugen. Reizung mit je einem einzigen heftigen Inductionsschlage ergab dagegen keine Drucksteigerung. Nach Theilung des Stumpfes in Vorder- und Seitenstränge beobachtete D. in zwei Versuchen bei Reizung der Vorderstränge keinen Effect, bei Reizung eines Seitenstranges eine kleine Drucksteigerung, von der in einem Versuche ebenfalls isolirten grauen Substanz erhielt er keine Wirkung. Indess gesteht D. selbst zu, dass die Spärlichkeit der in dieser Richtung von ihm angestellten Versuche irgend welche sichere Schlüsse nicht zulasse.

Wolski[25]) stellte zur Entscheidung der Frage von der directen Reizbarkeit des Rückenmarkes Versuche am Rückenmarke von Fröschen, Kaninchen und Hunden an und will hiebei alle von den einzelnen Forschern angegebenen Modificationen und Cautelen wiederholt haben. Er gelangte zu dem Resultate, dass die van Deen'sche Lehre von der Unempfindlichkeit des

Rückenmarkes für äussere (auch elektrische) Reize wohl begründet sei. Gianuzzi[26]) fand, dass die Hinterstränge auch nach vollkommener Zerstörung der Hinterwurzeln sich empfindlich zeigen. Luchsinger[27]) prüfte die Frage von der directen Reizbarkeit des Rückenmarkes ebenfalls an Kaltblütern, wählte aber statt des Frosches Blindschleichen, grössere Schildkröten, Erdmolche und grössere Tritonen als Versuchsthiere. Seine Versuchsanordnung war im Wesentlichen folgende: Das Thier wurde enthauptet, durch Entfernung des Herzens die Circulation unterbrochen, hierauf der Rumpf für einige Minuten in verdünnte Salzlösung von 40—42 ^{0} eingetaucht, wodurch derselbe des Reflexvermögens (gewöhnlich schon nach 5 Minuten) vollständig beraubt wird, der Schwanz und hiemit das Candalmark aber hiebei vor Miterwärmung auf passende Weise geschützt. Hierauf wurde in der Höhe der vordersten Wirbel Electrodennadeln in das Mark eingestochen und mit immer stärker anwachsenden Inductionsströmen gereizt. Bei 10 Cm. Rollenabstand traten alsdann schon leise Bewegungen am Schwanze auf, bei weiterer Annäherung der Rollen kräftige, peitschende Bewegungen desselben, während der Rumpf ruhig verharrte. Hierauf wurde der Rücken des Thieres enthäutet und frisch präparirte galvanische Nervenmuskelpräparate auf denselben gelegt und abermals wie vorher das Halsmark gereizt; es traten wiederum Bewegungen des Schwanzes ein, während die Muskeln der Nervenmuskelpräparate ruhig verharrten. Da hier eine Reizung des Caudalmarkes durch Stromschleifen, ebenso wie eine reflectorische Auslösung der Schwanzbewegungen bei der Reflexlosigkeit des gereizten Markstückes ausgeschlossen ist, so erübrigt nur die Annahme, dass das Caudalmark durch Fortpflanzung eines Erregungsvorganges von dem direkt gereizten Markabschnitte aus in Thätigkeit versetzt, also durch die elektrische Reizung des Halsmarkes Erregungsvorgänge in demselben ausgelöst wurden.

Wir ersehen aus dem Vorstehenden, dass die Frage der elektrischen Erregbarkeit des Rückenmarkes von den bisherigen experimentellen Bearbeitern derselben in sehr verschiedener Weise beantwortet wurde. Während die Einen und zwar die Majorität dem Rückenmarke die Fähigkeit absprechen, durch den elektrischen Reiz in Thätigkeit versetzt zu werden, finden Andere, dass die Rückenmarkfasern gleich den peripheren Nervenfasern für den electrischen Reiz sich empfindlich zeigen; Einzelne gestehen diese Eigenschaft nur bestimmten Theilen des Rückenmarkes zu. Negative Beobachtungen können jedoch für die in Rede stehende Frage nicht als entscheidend erachtet werden, so ferne ihnen einwurfsfreie positive Beobachtungen entgegenstehen. Als solche können von den oben angeführten nur die Versuchsresultate Dittmar's, Budge's und Luchsinger's erachtet werden, und von diesen beweisen die ersteren nur die Erregbarkeit einzelner spinaler Leitungsbahnen bei Säugethieren. Es dürfte desshalb nicht überflüssig erscheinen, wenn ich hier einiger Experimente an Säugern Erwähnung thue, die ich gelegentlich einer zu anderem Zwecke unternommenen Versuchsreihe machte. Es war mir bei den betreffenden Untersuchungen übrigens weniger um Beibringung neuer Beweise für die elektrische Erregbarkeit des Rückenmarkes als um Entscheidung der speziell für die Elektrotherapie wichtigen Frage zu thun, wie sich — die Erregbarkeit des Rückenmarkes vorausgesetzt — die am Rückenmarke wirksame Reizstärke zu der am peripheren Nerven wirksamen verhält. Die Resultate, welche ich hiebei anfänglich erhielt, waren sehr geeignet — ich gestehe dies gerne zu — mich zu einem Anhänger der van Deen'schen Lehre zu machen. Ich legte an 2 Versuchsthieren einen grösseren Theil des Dorsalmarkes bloss und durchschnitt dieses hierauf ungefähr in der Mitte der betreffenden Markpartie. Bei Reizung des unteren Stumpfes mit Inductionsströmen bis zu $7^1/_2$ Centimeter Rollenabstand*) ergab sich hiebei keine Contraction der Muskulatur der Hinterbeine. Auch nach Abtragung der Hinterstränge liess sich bei der gleichen Stromstärke in Bezug auf die Hinterbeine keine Wirkung erzielen. In einem dritten Versuche (halbgewachsenes Meerschweinchen), in welchem die untere Partie des Brustmarkes bloss gelegt worden war, zeigte sich bei Reizung des intacten (nicht durchschnittenen) Markes mit Inductionsströmen ebenfalls bis zu $7^1/_2$ Cm. Rollenabstand keine Bewegung der hinteren Extremitäten. Die Schlüsse, welche man aus diesen Versuchen zu ziehen geneigt sein könnte, werden jedoch durch andere Beobachtungen widerlegt. Von diesen will ich hier, als zum Beweise genügend, nur eine anführen. Bei einem nicht ganz ausgewachsenen, kräftigen Kaninchen wurde etwa die Hälfte des Brustmarkes in der Mitte zwischen dem obersten und untersten Viertel bloss gelegt und mit dem Inductionsstrome gereizt. Es ergab sich bei Reizung am oberen Theil der blossgelegten Partie schon bei einem Rollenabstande von $11^1/_2$ Cm. Bewegung beider Hinterbeine und des Schwanzes; hierauf wurde das Rückenmark ungefähr in der Mitte der blossgelegten Partie mit einem scharfen Messerchen durchschnitten. Application des gleich starken Inductionsstromes an dem oberen Stumpfe producirte hierauf keine Bewegung der hinteren Extremitäten mehr; selbst Verstärkung des Stromes bis zu $8^1/_2$ Cm. Rollenabstand

---

*) Benützt wurde ein Dubois'scher Schlittenapparat, getrieben von 2 Leclanchéelementen; bei O. C. sind beide Rollen über einander geschoben.

ergab den gleichen negativen Erfolg bezüglich der Hinterbeine; nur Bewegung des Schwanzes trat ein. Als hierauf auch der untere Stumpf mit der früher angewandten Stromstärke (11^1/$_2$ Cm. Rollenabstand) gereizt wurde, traten nur schwache Bewegungen der Hinterextremitäten und des Schwanzes ein. Bei Wiederholung des Versuches kurze Zeit später war die betreffende Bewegung etwas stärker, aber immerhin noch etwas schwächer wie vor der Durchschneidung. Hierauf wurden die Hinterstränge an dem unteren Stumpfe abgetragen und dieser neuerdings mit dem Inductionsstrome (11^1/$_2$ Cm. Rollenabstand) gereizt. Es ergab sich der gleiche Erfolg wie vorher. Abermalige Reizung des oberen Stumpfes und zwar dicht an der Durchschneidungsstelle produzirte wiederum keine Bewegung der Hinterextremitäten, wol aber solche des Schwanzes. Vom unteren Stumpfe dagegen liess sich erst nach wiederholten Reizungen für kurze Zeit keine Bewegung der Hinterextremitäten mehr hervorrufen.

Wie wir aus dem Angeführten ersehen, bildete die Durchtrennung des Markes in unserem Versuche kein Hinderniss für die Fortpflanzung von Stromschleifen nach abwärts gelegenen Theilen (Schwanzbewegungen). Wenn daher nach der Durchschneidung des Markes trotz bedeutender Verstärkung des Stromes keine Bewegungen der Hinterextremitäten mehr auftraten, so konnten die bei intactem Marke erzielten Bewegungen der Hinterextremitäten nicht durch Stromschleifen nach abwärts gelegenen Nervenwurzeln bedingt sein. Allein auch eine weitere Möglichkeit, die reflectorische Entstehung dieser Bewegungen durch Reizung hinterer Wurzelfasern an der blossgelegten Markpartie, erscheint ausgeschlossen. Gegen diesen Entstehungsmodus spricht einerseits der Umstand, dass auch nach Abtragung der hinteren Markpartie die Bewegungen der Hinterextremitäten sich hervorrufen liessen, andererseits die Thatsache, dass die Auslösung dieser Bewegungen eine viel beträchtlichere Stromstärke erheischte, als diejenige, welche zur Reizung von Wurzelfasern erforderlich ist. Sonach erübrigt nur die Annahme, dass die Bewegung der Hinterextremitäten durch directe Erregung centrifugalleitender Rückenmarksfasern durch den angewandten elektrischen Reiz zu Stande kam. Die Bewegungen des Schwanzes dagegen bei Reizung des oberen Stumpfes nach der Durchschneidung des Rückenmarkes lassen sich anstandslos auf Stromschleifen beziehen. Die negativen Ergebnisse meiner ersten Versuche sind wahrscheinlich auf mehrere Momente zurück zu führen. Die betreffenden Thiere waren sämmtlich Meerschweinchen durch Chloroform narkotisirt; dieses Agens hat nach den Untersuchungen Bernsteins [28]) einen lähmenden Einfluss auf die reflexvermittelnden Apparate der Rückenmarkscinerea, welche centralen Apparate wohl mit denjenigen zusammen fallen, durch welche die Erregung von den centrifugalleitenden Rückenmarksstrangfasern auf die austretenden Wurzelfasern übertragen werden. Eine ähnliche Wirkung hat vorübergehend die Durchschneidung des Markes zur Folge, welche an zweien der betreffenden Versuchsthiere ausgeführt wurde. Es werden hiedurch in dem unteren Rückenmarksstumpfe Hemmungsvorgänge ausgelöst, welche der Uebertragung reflectorischer und hiemit wahrscheinlich auch der motorischer Erregungen durch die Cinerea entgegen wirken. Die Schwächung der Bewegungen bei Reizung des unteren Stumpfes in dem vierten der angeführten Versuche ist wahrscheinlich auf solche Hemmungsvorgänge zurückzuführen. Reichlicher Blutverlust und längeres Blossliegen (Abkühlung?) sind gleichfalls im Stande, die Erregbarkeit der Rückenmarksubstanz sehr herab zu setzen, selbst aufzuheben. Diese beiden Momente waren in dem dritten Versuche gegeben und mögen hier zusammen mit der Narkose das negative Ergebniss herbeigeführt haben.

Nach dem Vorstehenden kann wohl nicht bezweifelt werden, dass die Marksubstanz des Rückenmarkes, die weissen Faserstränge desselben durch den elektrischen Reiz in den Erregungszustand übergeführt werden können. Dass die Cinerea des Rückenmarkes sich der gleichen Fähigkeit erfreut, können wir als ein logisches Postulat erachten, nachdem Nervenfasern unter den Bauelementen derselben reichlich vertreten sind. Indess, wenn auch erregbar durch den elektrischen Reiz, besitzen die Faserstränge des Rückenmarkes jedenfalls nicht jenen Grad oder jene Art der Erregbarkeit wie die periphere Nervenfaser. Es erhellt diess sowohl aus meinen speciell darauf hin gerichteten Versuchen als aus den Erfahrungen Luchsinger's. Zur Erregung der motorischen Wurzeln sowohl als blossgelegter Nervenstämme (des Ischiadicus z. B.) genügt nach meinen Beobachtungen an Katzen, Meerschweinchen und Kaninchen schon die minimalste Stromstärke, welche an der Zunge noch keine Sensation hervorruft. Zur Erregung der Rückenmarksstränge ist wenigstens etwa 4 Centimeter Rollenabstand weniger erforderlich. Luchsinger benützte einen von einem Daniell'schen Elemente getriebenen Schlittenapparat. Bei 10 Cm. Rollenabstand traten schwache Bewegungen des Schwanzes auf; um kräftige Bewegungen des Schwanzes zu erhalten, musste L. die Rollen noch einige Centimeter einander näher schieben. Auch noch in einer anderen Beziehung unterscheidet sich die Erregbarkeit der Rückenmarksstränge von der der Nervenwurzeln und der peripheren Nervenstämme. Die Erregbarkeit ersterer erlischt nach meinen Beobachtungen im Durchschnitte ungefähr zwei bis drei Minuten nach dem Tode.*) Nur in Fällen von länger

---

*) Onimus [29a]) fand gleichfalls, dass das Rückenmark bei Säugern unmittelbar nach dem Tode noch erregbar ist; wie lange dasselbe seine

dauernder Agone schwindet deren Erregbarkeit unmittelbar nach dem Eintritte des Todes (resp. dem Stillstande der Respiration). Die Erregbarkeit der Wurzeln dagegen erhält sich länger nach dem Tode, bei Katzen, Kaninchen und Meerschweinchen bis zu zehn Minuten, die der peripheren Stämme noch länger.

III. Abschnitt.
Ueber den Einfluss des constanten Stromes auf die vom Rückenmarke vermittelten Reflexvorgänge.

Bevor wir die speziell unsere Frage behandelnden Arbeiten berühren, müssen wir zunächst einiger älterer Beobachtungen Erwähnung thun, deren Tragweite für die Elektrotherapie wohl lange Zeit überschätzt wurde. Nobili[30]) machte einige Male die Wahrnehmung, dass bei einem aus unbekannter Ursache in Tetanus verfallenen Frosche durch Hindurchleiten eines constanten Stromes in einer gewissen Richtung Erschlaffung der Glieder eintrat, während bei Anwendung der entgegengesetzten Stromrichtung der tetanische Zustand andauerte. Nähere Angaben

Erregbarkeit bewahrt, hierüber macht er keinerlei Angabe. Er erwähnt dagegen, dass die Cinerea ihre Erregbarkeit vor der weissen Substanz einbüsst. Rossbach[29b]) machte an der frischen Leiche eines Hingerichteten an dem peripheren Rückenmarkscervialschnitt, sowie an einem zweiten Querschnitte durch den untersten Theil des Brustmarks zwischen elftem und zwölftem Brustwirbel Reizungsversuche mit folgenden Ergebnissen: Reizung des Cervicalquerschnittes und zwar des rechten Vorderstranges: Hinaufziehen der Schulter; des linken Vorderstranges: Contraction des M. pectoralis major; des linken Seitenstranges: Bewegungen der Schulter, des linken und rechten Seitenstranges: ohne Erfolg. Reizung an dem unteren Querschnitte, und zwar des rechten Vorderstranges: Bewegungen des Penis und Scrotums; des linken Vorderstranges: Contractionen des linken Lumbosacralis und Hebung der ganzen linken Rumpfhälfte ; des rechten Seitenstranges: Contractionen der Glutaei; des linken Seitenstranges: Contractionen der Rückenmuskulatur beiderseits; des linken und rechten Hinterstranges ohne Erfolg. R. scheint die angeführten Reizergebnisse auf Reizung der betreffenden Rückenmarksstränge beziehen zu wollen, bemerkt jedoch vorsichtigerweise, dass er nicht garantiren könne, dass nicht doch Stromschleifen zu den austretenden Nervenfasern gekommen sind. Controlversuche an den Wurzeln hätten R. über diese Eventualität jedenfalls aufgeklärt. Nach meinem Dafürhalten unterliegt es nicht dem geringsten Zweifel, dass die Rossbach'schen Reizergebnisse von Erregung von Wurzelfasern durch Stromschleifen herrührten.

über die speziell krampfstillende Stromrichtung macht er nicht. Neun Jahre später trat Matteucci[31]) mit der Behauptung hervor, dass aufsteigende Ströme den Tetanus beim Frosche beseitigen, absteigende Ströme denselben steigern. Er versuchte auch, diese Beobachtung therapeutisch zu verwerthen, indem er in Gemeinschaft mit Dr. Farina in Turin den aufsteigenden Strom (vom Kreuzbeine zum Nacken) einer 30—40 paarigen Säule in einem Falle von traumatischem Tetanus zur Anwendung brachte. Es sollen hiedurch auch wirklich die Krämpfe wenigstens vorübergehend beseitigt worden sein. Indess scheint M. sich von der Incorrektheit seiner oben angeführten Behauptung selbst überzeugt zu haben; er erwähnt nämlich in einer späteren Arbeit[32]) nur, dass bei durch Strychnin oder Opium in Tetanus versetzten Fröschen ein elektrischer Strom von gewisser Intensität im Stande sei, die Steifigkeit der Glieder und die Zuckungen zum Verschwinden zu bringen. Diese Frösche starben zwar ebenfalls in einer gewissen Zeit, aber ohne Zuckungen. Um hiebei die bei Beginn der Durchleitung eintretenden Zuckungen zu verringern, sei es besser, den aufsteigenden Strom anzuwenden. Die ersten Versuche, direct das Verhalten des Rückenmarkes, während der Durchleitung eines constanten Stromes zu prüfen, wurden von Baierlacher[33]) (1857) angestellt. Er leitete durch das blossgelegte Rückenmark von Fröschen den constanten Strom von 2 ziemlich grossen Bunsen'schen Elementen und untersuchte, wie sich die Reaction des Rückenmarkes auf Einwirkung elektrischer Reize sowohl während der Durchströmung als bei offener Kette verhielt. Zum Reizen verwendete er sowohl den unterbrochenen Strom eines kleinen Bunsen'schen Elementes als einen schwachen Inductionsstrom. Baierlacher fasste die Ergebnisse seiner Versuche dahin zusammen, dass „wenn das Rückenmark von einem constanten galvanischen Strom durchflossen wird, die Erregbarkeit desselben an allen Stellen geschwächt, beziehungsweise gelähmt wird, welche Wirkung jedoch der aufsteigenden Stromesrichtung in höherem Grade zukommt, als der absteigenden, sowie ferner, dass dieser Vorgang im Rückenmark auf die motorischen Nerven keinerlei Einfluss ausübt." Ziemlich gleichzeitig mit Baierlacher, (Mai 1857) veröffentlichte Kunde[34]) einige hieher gehörige Beobachtungen. Er führt u. A. an: „Setzt man einen durch Strychnin tetanisirten Frosch einem unterbrochenen elektrischen Strome aus, welcher bei einem normalen Frosche Tetanus erzeugt, so verschwindet der Strychnintetanus nach kurzer Zeit, bei aufsteigendem wie bei absteigendem Strome."

Ein durch Strychnin tetanisirter Frosch kann 8 Stunden lang der stärksten Wirkung zweier Daniell'schen Batterien ausgesetzt werden. Dennoch erscheint der Tetanus nach Unterbrechung des Stromes wieder, nachdem eine Zeit verstrichen ist, während der mechanische und chemische Reiz keine Reflexbewegungen hervorriefen, wohl aber (sogleich nach Entfernung der Drähte) der elektrische Reiz Zuckung erregte." An einem anderem Orte[35]) (Virch. Arch.) bemerkt K. bezüglich der Erklärung des Einflusses der Elektricität auf den Strychnintetanus, dass er denselben nicht auf eine momentane Lähmung des Rückenmarkes zurückführen wolle, das Phänomen des Schwindens des Tetanus vielmehr als gebundenen Tetanus bezeichnen und hiebei an jene poetische Skizze Humboldt's „der Rhodische Genius" erinnern möchte.

Die Beobachtung, dass der Tetanus mit Strychnin vergifteter Frösche durch Hindurchleiten eines constanten Stromes zum Verschwinden gebracht werden kann, wurde auch von Ranke[36]) bestätigt. R. fand, dass, wenn man einen elektrischen Strom von mässiger Stärke derart schliesst, dass das Rückenmark der Länge nach durchflossen wird, die Reflexkrämpfe momentan verschwinden, einige Augenblicke nach dem Oeffnen des Stromes jedoch wieder auftreten. Die Stromrichtung ist hiebei nach R. irrelevant, gleichgültig ob das Rückenmark auf- oder absteigend durchflossen wird, der Strom wirkt in gleicher Weise krampfstillend. Dagegen ist die angewandte Stromstärke nach R. in diesen Versuchen von der grössten Bedeutung. Sehr schwache Ströme heben den Tetanus nicht auf, sondern wirken stark reizend, sehr starke Ströme bewirken nahezu augenblicklich den Tod des Thieres. Ferner soll, so lange die Energie der Krämpfe noch eine sehr bedeutende ist, bei Strömen von anwendbarer Stärke manchmal gar keine Wirkung, oft nur eine Verringerung der Zuckungen auf taktile Reize eintreten. Um nun zu Aufschlüssen darüber zu gelangen, in welcher Weise der constante Strom diese Beruhigung der Krämpfe zu Stande bringt, wurden von Ranke weitere Versuche an entsprechend zugerichteten Froschpräparaten (bestehend aus den beiden mit Haut bedeckten Hinterbeinen und dem unter dem verlängerten Marke abgeschnittenen Rückgrate) angestellt. Hiebei wurde von R. ermittelt, dass ein genügend starker, in auf- oder absteigender Richtung das Rückenmark durchfliessender Strom die Reflexe auf taktile sowohl als Säuerreize vollkommen aufhebt. Die richtige Stromstärke muss hier durch allmäliges Ansteigen, von den schwächsten Strömen angefangen, ermittelt werden. R. glaubt, dass diese Beobachtungen die krampfstillende Wirkung durch das Rückenmark geleiteter elektrischer Ströme in einfacher Weise erklären. Das Rückenmark verliert unter der Einwirkung eines hindurch geleiteten elektrischen Stromes die Fähigkeit auf sensible Reize Reflexbewegungen zu vermitteln. Die Krämpfe in den beobachteten Fällen waren reflectorische, daher ihr Aufhören unter der Stromrichtung. Die Hemmung der Reflexe durch den das Rückenmark durchfliessenden Strom soll dagegen

darin ihren Grund haben, „dass unter der Einwirkung der Richtkraft des elektrischen Stromes die polarisirten Nervenmoleküle des Rückenmarkes keine Lageveränderungen eingehen können, wenigstens sicher keine Querschwankungen."
Dass der von R. aufgestellte Satz, das Rückenmark verliere unter der Einwirkung eines dasselbe durchziehenden elektrischen Stromes die Fähigkeit der Reflexvermittelung in dieser Allgemeinheit nicht aufrecht zu erhalten ist, erhellt sowohl aus R's. eigenen Beobachtungen, nach welchen eben nur ein „genügend starker" Strom diese Wirkung hat, wie aus denen späterer Forscher. Legros und Onimus[37]) fanden bei Hindurchleiten eines constanten Stromes durch das Rückenmark enthaupteter Frösche, dass bei absteigender Richtung während der Dauer der Durchströmung kein Reflex sich von den Hinterextremitäten aus hervorrufen lässt, aufsteigende Richtung des Stromes dagegen zuweilen das gleiche Resultat ergibt, im Allgemeinen jedoch eine Reihe von Contractionen in den Hinterextremitäten und Steigerung der Reflexthätigkeit bewirkt. Versuche an Ratten und Meerschweinchen ergaben die gleichen Resultate: Hemmung der Reflexe durch absteigende Ströme. L. und O. sind der Ansicht, dass der absteigende Strom bei seiner reflexhemmenden Einwirkung auf das Rückenmark direct auf die motorischen Nerven und nicht auf die spinalen Reflexmechanismen einen Einfluss ausübt, der aufsteigende Strom dagegen die Erregbarkeit des Rückenmarkes steigert und auf die motorischen Nerven par action réflexe wirkt. Uspensky[39]) stellte Versuche an nicht enthaupteten Fröschen an und prüfte die Veränderungen, welche der constante Strom bei seiner Durchleitung durch das Rückenmark sowohl in den Athembewegungen als in der Reflexbewegung der unteren Extremitäten hervorrief. Hiebei fand er, dass kurz andauernde, auf- wie absteigende Ströme keine merkbaren Veränderungen herbeiführen, sehr lang andauernde Ströme dagegen bei auf- wie absteigender Richtung das Rückenmark paralysiren und zwar in absteigender Richtung schneller als in aufsteigender. Bei Strömen von mittlerer Dauer wurden bei aufsteigender Richtung die Athembewegungen sehr energisch, die Reflexbewegungen von den unteren Extremitäten dagegen aufgehoben oder geschwächt, bei absteigender Richtung dagegen die Athembewegungen schwächer und zuletzt ganz aufgehoben, während die Reflexbewegungen der unteren Extremitäten sich sehr lange erhielten. Picrotoxinvergiftung liess den Unterschied in der Wirkung auf- und absteigender Ströme noch deutlicher hervortreten; die Picrotoxinkrämpfe wurden durch den absteigenden Strom aufgehoben, durch den aufsteigenden Strom dagegen bei vergifteten Fröschen sogleich Tetanus hervorgerufen. Uspensky folgert aus seinen Versuchen, dass für die Leitung der Erregungsvorgänge durch das Rückenmark hindurch, wie

für die im Rückenmark selbst entstehenden Reflexe dieses Organ sich ganz wie ein peripherer Nerv verhalte, d. h. in der Gegend der Anode die Erregbarkeit und Leitungsfähigkeit vermindert, in der Gegend der Kathode erhöht werde. Es verdienen endlich hier noch einige Beobachtungen S. Mayer's[39]) (1868) Erwähnung. M. liess eine Strecke des Froschrückenmarkes einen Strom von 6 Grove'schen Elementen in auf- und absteigender Richtung durchfliessen und reizte das Rückenmark elektrisch sowohl oberhalb als unterhalb der durchflossenen Stelle. Hiebei konnte er einen Einfluss auf die Erregbarkeit des Rückenmarkes weder im positiven, noch im negativen Sinne constatiren. S. Mayer gesteht jedoch selbst zu, dass seine Versuche die Frage bezüglich des Rückenmarkselektrotonus nicht zu erledigen im Stande seien.

Das grosse Interesse, welches die vorliegende Frage für die Elektrotherapie besitzt, sowie der Umstand, dass zur Lösung derselben bisher fast ausschliesslich an Fröschen experimentirt wurde, und trotzdem die erzielten Resultate weit entfernt von Uebereinstimmung waren, bestimmten mich, durch weitere Versuche eine Klärung der hier obwaltenden Verhältnisse anzustreben. Meine Versuche wurden nur an Säugethieren (Meerschweinchen, Kaninchen und jungen Katzen) angestellt. Hiebei wurde zum Theil die von Bayerlacher eingeschlagene Untersuchungsmethode befolgt, i. e. die Veränderung geprüft, welche die Einleitung eines constanten Stromes in das Rückenmark eines Versuchsthieres an dem durch Reizung eines bestimmten Rückenmarksabschnittes vermittelst eines Inductionsstromes hervorgebrachten Effecte zu erzielen im Stande war; zum Theil nach vorgängiger Durchschneidung des Rückenmarkes das Verhalten der von den hinteren Extremitäten auszulösenden Reflexe während der Durchströmung des Rückenmarkes untersucht. Die Resultate der nach beiden Methoden angestellten Versuche erwiesen sich als in der Hauptsache übereinstimmend, wie folgende zwei Versuche zeigen.

Versuch A.

Versuchsthier des oben (Seite 17) beschriebenen Versuches. Kaninchen, welchem das Dorsalmark in der Mitte bloss gelegt und durchschnitten und an dem unteren Stumpfe die Hinterstränge abgetragen waren. Reizung des Rückenmarkes mit einem Inductionsstrom von $11^{1}/_{2}$ C. Rollenabstand ergab hier, wie erwähnt, Bewegung beider Hinterextremitäten.

Einschaltung eines aufst. constanten Stromes (10 Siem. El.).
Reizung mit dem Indstr.: Verstärkte Reaction.
Absteigender Strom (10 Siem. El.).
Reizung mit dem Indstr.: Hinterextremitäten fast bewegungslos, dagegen stärkere Bewegung des Schwanzes. Dieses Verhalten hält auch bei länger fortgesetzter Reizung an, doch steigert sich allmählig im Laufe der Zeit die Reaction etwas, die Bewegung der einen Extremität wird unzweifelhaft stärker.

Aufsteigender Strom.
Reizung mit dem Indstr.: Sehr verstärkte Reaction. Dieser Erfolg anhaltend.
Stromöffnung.
Reizung mit dem Indstr.: Nahezu keine Reaction.
Aufst. Strom.
Reizung mit dem Indstr.: Sofort sehr energische Reaction. Gewaltsames Aufziehen beider Hinterbeine.
Absteigender Strom.
Reizung mit dem Indstr.: Reaction der Hinterextremitäten bedeutend geringer als bei aufsteigendem Strom. Bewegung des Schwanzes stärker. Der Reizerfolg später sich etwas steigernd.
Aufsteigender Strom.
Reizung mit dem Indstr.: Sofort abermals sehr energische Reaction; Durchschneidung des Rückenmarkes am unteren Ende der bloss gelegten Partie.
Erneute Reizung mit dem Inductionsstrom bleibt ohne Erfolg.

In diesem Versuche lässt sich, wie wir bereits erwähnt haben, der Erfolg der Reizung des Rückenmarkes, abgesehen von den Schwanzbewegungen, weder auf Stromschleifen nach den tiefer liegenden Nervenwurzeln, noch auf reflectorische Reizung am Reizorte befindlicher Hinterwurzelfasern zurückführen; die durch Reizung mit dem Inductionsstrome hervorgerufenen Bewegungen der Hinterextremitäten konnten daher nur durch directe Erregung centrifugalleitender Rückenmarksfasern zu Stande kommen. Die Intensität dieses Erfolges zeigte sich je nach der Richtung des in das Rückenmark eingeleiteten constanten Stromes in anderer Weise modificirt. Bei aufsteigender Stromrichtung finden wir regelmässig Verstärkung der Reaction, bei absteigender Richtung dagegen verringerte Reaction. Wir sehen mit anderen Worten, dass umgekehrt wie beim peripheren Nerven, dagegen entsprechend dem Verhalten des Grosshirns die im Zustande des Anelektrotonus befindliche Rückenmarkspartie gesteigerte Erregbarkeit, die im Zustande des Katalektrotonus befindliche dagegen herabgesetzte Erregbarkeit aufweist. E i n e L ä h m u n g d e s R ü c k e n m a r k e s d u r c h d e n d u r c h f l i e s s e n d e n S t r o m t r i t t d a g e g e n b e i k e i n e r d e r b e i d e n R i c h t u n g e n e i n. Der Unterschied in der Beeinflussung der Rückenmarkssubstanz und der Wurzelfasern durch den constanten Strom erhellt hier in eclatanter Weise aus dem Verhalten des Schwanzes und der Hinterextremitäten. Die Bewegungen des Schwanzes, die, wie schon erwähnt, auf Stromschleifen nach tiefer abgehenden Wurzeln beruhen, werden bei absteigender Stromrichtung (Katalektrotonus der Nervenwurzeln) entschieden gesteigert, während gleichzeitig die von Reizung des Rückenmarkes selbst abhängigen Bewegungen der Hinterextremitäten verringert sind.

Versuch B.

Halbgewachsenes Meerschweinchen; Durchschneidung des Rückenmarkes in der Mitte des Dorsalmarkes ohne Blosslegung desselben. Unmittelbar nach der Durchschneidung keine Reflexbewegungen von den

Hinterextremitäten aus durch mechanische Reize (Stiche, Druck etc.) zu erzielen. Nach wenigen Minuten sind jedoch die Reflexe und zwar ziemlich lebhaft (insbesonders auf Stiche) zurückgekehrt.

Aufsteigender Strom, 5° Nadelausschlag: Reflexe erhöht. Zuckungen des Vorderkörpers.

Oeffnung des Stromes.

Absteigender Strom, 5° N. A.: Anfänglich kein sehr erheblicher Unterschied in den Reflexreaktionen gegen vorher, nach einigen Minuten Reflexe geringer.

Oeffnung des Stromes.

Reflexe bei geöffnetem Strom etwas lebhafter als während des letzten Theiles der Untersuchung bei absteigendem Strom.

Aufsteigender Strom, anfänglich 5° N., später Steigerung des Stromes bis zu 15°: Reflexe entschieden gesteigert.

Absteigender Strom, 15—20° N. A.: Starke Streckung der Hinterbeine (vorübergehend), Reflexe ansehnlich, aber jedenfalls geringer wie bei aufsteigendem Strome.

Aufsteigender Strom, 10—15° N. A.: Reflexe sehr lebhaft.

Absteigender Strom, gleicher Stärke: Reflexe entschieden geringer wie vorher.

Aufsteigender Strom: Reflexe wieder stärker.

Absteigender Strom: Reflexe geringer als vorher.

Aufsteigender Strom: Reflexe wieder sehr lebhaft, viel lebhafter als bei absteigendem Strome.

Auch aus diesem zweiten Versuche ersehen wir die differente Wirkung auf- und absteigender Ströme auf die Erregbarkeit des Rückenmarkes. Ferner ersehen wir, dass bei keiner der beiden Stromrichtungen und bei Anwendung von mässigen Stromstärken, die mit den in der Elektrotherapie gebräuchlichen sich vergleichen lassen, eine Lähmung der Rückenmarkscentren eintritt. Wenn daher Legros und Onimus bei absteigender Stromrichtung Ausfall der Reflexe auch bei Säugern beobachteten, so dürfte dieser Umstand von der Anwendung sehr bedeutender Stromstärken herrühren, durch welche intensive Reize peripherer sensibler sowohl als hinterer Wurzelfasern und dadurch die Entstehung von Hemmungsvorgängen im Rückenmarke peripheren Ursprungs ermöglicht ist. Auch bei den Beobachtungen Ranke's dürfte die lähmende, respective reflexhemmende Einwirkung des constanten Stromes auf das Rückenmark wenigstens theilweise auf periphere reflexhemmende Reizungen zurückzuführen sein.

Was uns die klinische Erfahrung an Thatsachen kennen gelehrt hat, welche auf die vorwürfige Frage Bezug haben, ist verhältnissmässig wenig und dieses Wenige oft noch zum Theil mehrfacher Deutung fähig. Wir haben oben bereits erwähnt, dass Matteuci in Verbindung mit Farina in einem Falle von traumatischem Tetanus den Strom einer 30—40paarigen Säule mit wenigstens vorübergehendem Erfolge zur Anwendung brachte. Mendel[40]) in Berlin theilte zwei Fälle von Tetanus mit, in welchen die Anwendung des constanten Stromes nicht bloss vorübergehende Beseitigung der Krämpfe, sondern dauernde günstige Resultate erzielte. In dem einen dieser beiden Fälle handelte es sich um traumatischen Tetanus, in dem anderen um idiopathischen; in beiden Fällen wurde der Strom vorzugsweise derart angewendet, dass die eine Elektrode an den Rücken und die andere an eine der Extremitäten applicirt wurde. Hiebei trat unmittelbar nach dem Schliessen des Stromes öfters Erschlaffung einer tetanisch contrahirten Muskelgruppe ein. Diese Beobachtung ist für unsere Frage jedoch von zweifelhaftem Werthe, weil hiebei neben der Einwirkung auf das Rückenmark eine solche auf periphere Nerven statt hatte. Legros[41]) und Onimus berichten über einen Fall von traumatischem Tetanus, in welchem durch die Anwendung von Chloral und constanten Strömen vollständige Genesung erzielt wurde. In diesem Falle wurde durch Anwendung absteigender Ströme am Rücken ebenfalls die Lösung contrahirter Muskeln nahezu regelmässig, jedoch meist nur für kurze Zeit herbeigeführt. Von Legros und Onimus[42]) wurden ferner mehrere Fälle mitgetheilt, in welchen die Anwendung constanter Ströme am Rücken je nach der Richtung des Stromes einen verschiedenen Einfluss auf die Reflexvorgänge ausübte. Bei einem Paraplegischen, bei welchem die Reflexbewegungen an den unteren Extremitäten sehr lebhaft waren, gelang es dieselben durch Galvanisirung der unteren Rückenmarkspartie mit absteigenden Strömen erheblich zu verringern. Anwendung aufsteigender Ströme bewirkte in diesem Falle sofort Tremor der Beine und heftige Contractionen an dem unteren Rumpfabschnitte. Bei einem zwölfjährigen Kinde, welches an verschiedenartigen (wahrscheinlich hysterischen) Reflexkrämpfen litt, bewirkte Anwendung aufsteigender Ströme am Rücken das Eintreten von Krampfanfällen, während absteigende Ströme diese beseitigten. Bei einem achtjährigen Mädchen, welches seit einem Jahre die Sprache und den grösseren Theil seiner Intelligenz eingebüsst hatte, und bei welchem zu gleicher Zeit Erscheinungen von Chorea aufgetreten waren, wurden durch Anwendung eines aufsteigenden Stromes am Rücken (15—20 Remak'sche Elemente) hochgradige Unruhe, heftige Bewegungen der Glieder nach allen Richtungen etc. hervorgerufen, während bei Application eines absteigenden gleich starken und selbst noch stärkeren Stromes das Kind ruhig blieb und die Bewegungen seiner Glieder cessirten. Anscheinend im Gegensatz zu diesen Erfahrungen von Legros und Onimus steht eine von Leyden[43]) mitgetheilte Beobachtung Rabow's (Beobachtung 5). Bei einem 45jährigen, an chronischer Myelitis (disseminirter Sklerose) leidenden Manne wurde lebhafte Reflexerregbarkeit beiderseits in Folge von Stecknadelstichen in die grosse Zehe constatirt. Bei Application eines Stromes von 26 Elementen (Pineus), Anode in der Höhe der Spin. scapul., Kathode 6 Zoll tiefer, erschien nach 5 Minuten die Reflexerregbarkeit der Beine beträchtlich erhöht, auch nach Beendigung der Sitzung (15 Min.) noch beiderseitig entschieden gesteigert. Einige Tage später ergab sich jedoch bei der gleichen Anordnung der Elektroden nach 15 Minuten diese Steigerung der Reflexerregbarkeit nicht mehr, sondern nur eine geringe Erhöhung der Muskelerregbarkeit in den Oberschenkeln. (Wirkung von Stromschleifen in diese? Ref.)

Ich selbst sah in einem Falle von Myelitis transversa (zugewiesen durch Hrn. Hofstabsarzt Dr. Nobiling) mit Paraplegie, eigenthümlichen spastischen Erscheinungen an den Unterextremitäten und gesteigerter Reflexerregbarkeit dieser bei Anwendung eines aufsteigenden Stromes am Rücken (+ Pol über dem untersten Abschnitte der Dorsal- und Anfangstheil der Lendenwirbelsäule, — Pol Nacken, 10 — 12 Stöhrer'sche Elemente) einige Secunden nach Application der Elektroden hochgradigen convulsivischen Tremor beider Beine und Zuckungen der Muskulatur an dem unteren Rumpfabschnitte auftreten. Zu gleicher Zeit ergab sich bei Nadelstichen in die Fusssohle länger dauernder convulsivischer Tremor des Fusses (früher eine einzige Zuckung des Beines). Der Tremor hielt nach Entfernung der Elektroden noch an. Bei Application eines absteigenden Stromes (gleiche Anordnung) zeigte sich ebenfalls noch Tremor der Beine, doch war derselbe von viel geringerer Intensität als bei entgegengesetzter Stromrichtung. Bewegungen von Seiten der oberen Extremitäten wurden bei keiner der beiden Stromrichtungen beobachtet.

Von mehreren Beobachtern wurde die Lösung von Contracturen an den Extremitäten während der Galvanisation des Rückens constatirt, so von Leyden[44]) Lösung von Contracturen nach Typhuslähmung, welche Wirkung jedoch die Sitzung gewöhnlich nicht überdauerte, von Bärwinkel[45]) Hebung von Contractur der Beine in Folge von Spondylitis. Fieber[46]) gelang es bei einem Manne, welcher mit Katalepsie der oberen Extremitäten und Brustmuskeln und Tetanus der unteren Extremitäten behaftet war, durch stabile Anwendung eines absteigenden Stromes am Rücken (Pole am Nacken und Kreuzbeine, Stromstärke allmählig bis auf 40 Dan. El. gesteigert) in der Dauer von 12 Minuten Katalepsie und Tetanus zu beseitigen. Holst[47]) erzielte bei einer Hysterischen, welche an Katalepsie mit Flexibilitas cerea des ganzen Körpers einschliesslich der Kaumuskeln litt, durch am Rücken applicirte Ströme von 30 Elementen bei absteigender wie bei aufsteigender Stromrichtung sofort Erschlaffung des Körpers und anfänglich auch der Kaumuskeln. Dieser Erfolg überdauerte jedoch kaum die Sitzung. Endlich verdienen jedoch hier die beiden von Schivardi und Lagneau publizirten Fälle von Hydrophobia Erwähnung. In dem Falle Schivardi's[48]) wurde der negative Pol einer Batterie von

22 Daniell'schen Elementen an die Stirne und der positive an die Füsse applicirt (Nadelausschlag 34°), der Strom 4 Tage ohne Unterbrechung geschlossen erhalten und hiedurch Besserung der Symptome bewirkt. Der Patient starb jedoch nichts destoweniger. Lagneau[19]) erzielte in einem Falle von Lyssa durch Application eines constanten Stromes an den Rücken bei stabiler Stellung der Anode auf den contrahirten Muskeln temporär bedeutende Milderung der Krämpfe. Der Patient starb jedoch auch in diesem Falle dessenungeachtet.

Wir können nach den im Vorstehenden angeführten klinischen Beobachtungen wohl nicht bezweifeln, dass sich durch die Galvanisation am Rücken ein Einfluss auf die vom Rückenmarke vermittelten Reflexvorgänge ausüben lässt. Dieser Einfluss scheint jedoch nach Erfahrungen, die ich auf experimentellem Wege gewann, nur dann in deutlicher Weise sich geltend zu machen, wenn entweder sehr erhebliche Stromintensitäten angewendet werden, oder die Erregbarkeit des Rückenmarkes eine abnorm gesteigerte ist. Ich habe an Gesunden und Neurasthenischen den Einfluss der Galvanisation des Rückens auf die verschiedenen spinalen Hautreflexe (Stich — Kitzel — Cremaster — Bauchreflex) sowie auf die als Patellarreflexe bezeichneten Phänomene geprüft. Nach den hiebei — allerdings nur vermittelst primitiver Untersuchungsmethoden — gewonnenen Beobachtungen scheinen bei völlig oder annähernd normaler Erregbarkeit des Rückenmarkes die genannten Hautreflexe sowie das Patellarphänomen durch Galvanisation längs der Wirbelsäule mit Strömen bis zu 32° (Galvanometer von Krüger) eine Modification nicht zu erfahren.

Einzelne der oben angeführten klinischen Beobachtungen sprechen des Weiteren dafür, dass je nach der angewandten Stromrichtung die Art der Beeinflussung des Rückenmarkes wechseln, i. e. Steigerung oder Herabsetzung der Reflexerregbarkeit herbeigeführt werden kann. Die betreffenden Beobachtungen sind jedoch noch nicht zahlreich genug, um völlig zuverlässige Schlüsse zu gestatten. Andererseits darf man aber auch aus dem Umstande, dass bei entgegengesetzten Stromesrichtungen der gleiche Erfolg erzielt wurde, noch keineswegs folgern, dass die Richtung des Stromes (resp. der Umstand, ob man den einen oder anderen Pol über der erkrankten Rückenmarkspartie applicirt) für die Einwirkung auf die Erregbarkeit des Rückenmarkes gleichgültig sei. Fassen wir die betreffenden Beobachtungen (Fall Holst und Leyden) genauer in's Auge, so finden wir, dass sich dieselben auf Fälle beziehen, in welchen sehr intensive Ströme angewendet wurden. Solche Applicationen sind mit mächtiger Reizung der Hautnerven verbunden, wodurch sogenannte Interferenzerscheinungen, Hemmung sowohl als Steigerung von Reflexen producirt werden können. Bei dieser Complication können wir den betreffenden Fällen eine Beweiskraft für die in Rede stehende Frage nicht zuerkennen.

IV. Abschnitt.
Ueber die Einwirkung des constanten Stromes auf die Circulations-Vorgänge im Rückenmarke.

Betreffs des geschichtlichen Theiles des uns hier beschäftigenden Themas kann ich mich sehr kurz fassen. Die Frage, in welcher Weise der constante Strom die Circulationsvorgänge im Rückenmarke beeinflusst, wurde bisher noch nie experimentell in Angriff genommen. Man begnügte sich seit Remak dem constanten Strome auf Grund therapeutischer Erfahrungen katalytische Wirkungen auf das Rückenmark zuzuschreiben. Zu welch' präcisen Anschauungen man nach einer mehr als 20jährigen Uebung der Galvanisation des Rückens in Bezug auf diese katalytischen Wirkungen gelangt war, erhellt wohl am besten aus den Aeusserungen Erb's in dessen Werk über Rückenmarkskrankheiten [50], die quasi ein Resumée der bisherigen Erfahrungen betreffs dieses Punktes darstellen. „Die katalytischen Wirkungen" sagt Erb, „sind wahrschein„lich ganz unabhängig von der Stromesrichtung. Ebenso ist „aber auch die Wirkung der einzelnen Pole in dieser Beziehung „noch sehr unklar, obgleich man dieselbe genauer zu präci„siren gesucht hat. Einfaches Durchströmtsein des erkrankten „Theiles in genügender Stärke und Dauer scheint die Haupt„sache zu sein. Alle Details sind noch empirisch und experi„mentell zu finden."

Ich ging bei den Untersuchungen, über welche ich im Nachstehenden berichten werde, von der Anschauung aus, dass man nach den bisherigen Erfahrungen nicht hoffen dürfe, auf rein empirischem Wege Genaueres bezüglich der Einwirkung des constanten Stromes auf die Ernährungsvorgänge im Rückenmarke zu ermitteln, und daher die experimentelle Inangriffnahme dieses Problems nicht zu umgehen sei. Die Fragen, deren Lösung ich zunächst für wünschenswerth erachtete, sind folgende:

1) Ist es bei Anwendung von therapeutisch verwendbaren Stromstärken überhaupt möglich, eine deutliche Wirkung auf die Gefässe der Rückenmarkspia hervorzubringen?

2) Ist bei Einschaltung des ganzen Rückenmarkes in den

Stromkreis die Einwirkung auf die Injectionsverhältnisse der Pia eine verschiedene je nach der Richtung des angewandten Stromes, i. e. je nach der Application des positiven oder negativen Poles an die Halswirbelsäule?

3) Ist bei querer (horizontaler) Durchströmung des Rückenmarkes die Einwirkung auf die Gefässe der Pia eine verschiedene, je nach dem der eine oder der andere Pol an den Rücken applicirt wird?

A. Technik der Versuche.

Es liegt in der Natur der Sache, dass experimentelle Beobachtungen an Rückenmarksgefässen im eigentlichen Sinne des Wortes sich überhaupt nicht anstellen lassen. Der Beobachtung zugänglich sind nur die Piagefässe an den hinteren und seitlichen Partieen des Rückenmarkes. Bei den Beziehungen jedoch, welche zwischen den Piagefässen und dem Rückenmarke bestehen, lässt sich das an ersteren Beobachtete ohne Weiteres als für die Rückenmarksgefässe gültig betrachten. Die Gefässe des Rückenmarkes stammen nämlich aus der Pia und dringen mit den Fortsätzen dieser in das Rückenmark ein. Die zunächst zu lösende Aufgabe geht also dahin, die Hinterfläche des Rückenmarkes des Versuchsthieres an einer für die Beobachtung der Piagefässe, speziell der Piaarterien, günstigen Stelle und in für die Beobachtung genügender Ausdehnung bloss zu legen. Nachdem diess geschehen ist, muss natürlich die Blutung gestillt und das Thier in einem Zustande erhalten werden, der spontane Bewegungen möglichst hintan hält; erst dann kann mit der Einleitung des Stromes und der eigentlichen Beobachtung begonnen werden. Sehen wir nun zu, wie sich diese Forderungen erfüllen lassen. Ich habe die Blosslegung des Rückenmarkes in sämmtlichen Versuchen im Wesentlichen nach der von Schiff[51]) in dessen Lehrbuch beschriebenen Methode ausgeführt. Es wurde hiebei zuerst die Haut mit dem Unterhautzellgewebe über den Dornfortsätzen in entsprechender Ausdehnung durchschnitten; hierauf die Muskulatur durch zwei Längsschnitte zu beiden Seiten der Wirbelsäule möglichst von den Wirbelbögen abgetrennt und das noch Anhaftende von Muskeltheilen, um Blutung thunlichst zu vermeiden, mit den Scalpellstiele abgeschabt. Hierauf wurden die Weichtheile zwischen zwei Dornfortsätzen weggenommen und mit Abtragung der Dornfortsätze und Wirbelbögen vorsichtig begonnen. Dass dieser erste Theil des Versuches sich nur bei tiefster Narkose des Thieres durchführen lässt, ist naheliegend. Sowohl die Schmerzhaftigkeit der Operation, als der Umstand, dass nur bei völligster Ruhe des Thieres eine Verletzung der Rückenmarkshäute und des Rückenmarkes zu vermeiden ist, machen die Narkose zur Nothwendigkeit. Die Tiefe der Narkose, die hier unumgänglich ist, erheischt es, dass diesem Theile der Versuchstechnik besondere Aufmerksamkeit gewidmet wird. Sind die Schwierigkeiten der Anästhesirung glücklich überwunden, so tritt eine neue Klippe in Sicht, die Blutung. Ist dieselbe einigermassen erheblich, so kann sie schon bei der Abtragung der Wirbelbögen grosse Schwierigkeiten bereiten, so ferne sie das Terrain, in dem sich die Scherenbranchen oder die Knochenzangenspitzen bewegen müssen, dem Blicke entzieht. Indess gelingt es hier alsbald durch Abtupfen mit Schwämmen das Operationsfeld temporär so weit zu säubern, dass sich die schneidenden Instrumente mit der zur Abtragung der Wirbelbögen nöthigen Präcision handhaben lassen. Ist die Abtragung beendet, und persistirt alsdann noch die Blutung hartnäckig, so ist der Versuch meistens missglückt. Hiebei kommt im Wesentlichen nur die Blutung aus den Wirbelknochen in Betracht. Zur Stillung derselben lassen sich nur Schwamm oder Löschpapier benützen, beide ziemlich precäre Hilfsmittel. Indess sind die Verhältnisse hier bei verschiedenen Thieren sehr verschieden. Bei Kaninchen ist die Blutung aus den sehr massigen Muskeln oft schon eine recht erhebliche; die Blutung aus den Knochen dagegen eine sehr beträchtliche und hartnäckige, so dass allen Tupfens ungeachtet, das blossgelegte Rückenmark meist einer stetigen Beobachtung unzugänglich bleibt. Hievon abgesehen bewirkt der Blutverlust eine Erschöpfung des Thieres, welche ebenfalls die Erzielung eines positiven Versuchsresultates zur Unmöglichkeit macht. Bei Meerschweinchen ist die Blutung aus den Knochen sowie aus den Weichtheilen gewöhnlich geringer als beim Kaninchen, dasselbe gilt für die Katze; doch ist auch hier die Blutung mitunter hartnäckig genug, um ernste Schwierigkeiten zu bereiten, ja selbst den Versuch ganz misslingen zu lassen. Verhältnissmässig sehr unbedeutend ist die Blutung mitunter beim Lamm; die Wirbelknochen sind hier verhältnissmässig weich, so dass die Abtragung sich ziemlich leicht gestaltet. Bei einzelnen Thieren verursacht aber auch hier die Blutung erhebliche Schwierigkeiten. Von den genannten Thieren ist daher das Kaninchen sowohl wegen der Blutung als aus einem anderen, sogleich näher zu erörterndem Grunde für die hier in Betracht kommenden Rückenmarksversuche am Wenigsten geeignet; ihm reiht sich in dieser Beziehung das Meerschweinchen an. Ist auch die Klippe der Blutung glücklich überwunden, so ist die Möglichkeit der Beobachtung von Aenderungen in der Weite der Piaarterien noch keineswegs bei jedem Thiere gegeben. Auf diese am wenigsten vorherzusehende Schwierigkeit bin ich erst im Laufe meiner Untersuchungen aufmerksam geworden. Um nämlich zuverlässige Beobachtungen über die Einwirkung des constanten Stromes auf die Weite der Arterien des Rückenmarkes machen zu können, ist es nothwendig, dass man solche Arterien von nicht zu feinem Caliber in längerem Verlaufe zu Gesicht bekommt. Diese Bedingung ist jedoch keineswegs bei allen Thieren zu erfüllen, und wir müssen desshalb etwas auf die Injectionsverhältnisse der Pia bei den früher genannten Thieren eingehen. Beim Kaninchen erblickt man an der Hinterfläche des Rückenmarkes, in der Mittellinie (der Fissura mediana posterior entsprechend) ein nahezu senkrecht von der Gegend des Lendenmarkes bis etwa zum Anfangstheil des Halsmarkes aufsteigendes venöses Gefäss, die vena mediana posterior. In letzterer Gegend theilt sich dieselbe gewöhnlich in zwei Zweige, einen stärkeren, im Bogen seitlich sich wendenden und einen weiter aufwärts, wenn auch nicht in der Mittellinie fortziehenden. In nahezu regelmässigen Abständen sieht man zu derselben, von der Seite her zutretende, transversal verlaufende Aeste deutlich venöser Natur sich begeben. In den Zwischenräumen zwischen diesen und zwar gleichfalls in fast regelmässigen Abständen ziehen ebenfalls in transversaler Richtung deutlich arterielle Aeste gegen die Mittellinie hin, zu einem unter der Ven. med. post. dahinziehenden, in die fiss. med. post. eingebetteten arteriellen Gefässe. Dieses wird erst nach Entfernung der Vene sichtbar, und die Aeste desselben sind wegen ihrer Kürze keine sehr geeigneten Beobachtungsobjekte. Seitlich von der ven. med. post., in gleicher Richtung mit dieser verlaufend, sieht man in der Regel, wenn nicht die Abtragung der Wirbelbögen in sehr weitem Umfange geschah, welches letztere jedoch wegen der Blutung gewöhnlich nicht möglich ist, entweder überhaupt keine oder nur sehr feine, zu exacteren Beobachtungen sich ebenfalls nicht eignende arterielle Gefässe. In Folge dieser Umstände trifft man selbst unter einer grösseren Anzahl von Kaninchen nur ausnahmsweise einmal ein für die Beobachtung der Rückenmarkspiaarterien gut geeignetes Thier an. Nahe zu völlig übereinstimmend mit dem geschilderten Verhalten beim Kaninchen liegen die Dinge beim Meerschweinchen, nur dass hier wegen des noch geringeren Umfangs des Rückenmarkes, und des entsprechend geringeren Calibers der Gefässe die Beobachtung sich noch schwieriger gestaltet. Anders verhält es sich bei der Katze. Hier erstreckt sich die ven. med. post. als solche gewöhnlich nur vom Lendentheil bis in den Anfangstheil des Dorsalmarkes, woselbst sie in bogenförmigem Verlaufe sich seitlich wendet, einen schmäleren, Ast aufwärts sendend. Von der Umbiegungsstelle der Vena med. post. an nach aufwärts bis gegen das Halsmark sind zahlreiche Gefässverästelungen z. Th arteriell, z. Th. venös, an der Hinterfläche des Markes wahrzunehmen. Die arteriellen Gefässe sind zwar meist feinen Calibers, jedoch auf längere Strecken zu verfolgen, wesshalb das Rückenmark der Katze ein entschieden günstigeres Beobachtungsobject bildet als das des Kaninchens und Meerschweinchens. Noch günstiger für die Beobachtung sind die Verhältnisse meist beim Lamm. Auch hier finden wir noch im Bereiche des Dorsalmarkes eine Vena. med. post., allerdings mitunter nicht strenge in der Mittellinie verlaufend, mitunter auch an einer Stelle sich sehr verdünnend, um dann weiter oben wieder stärker anzuschwellen. Seitlich hievon verlaufen arterielle Gefässe, die in der Hauptsache die Richtung der ven. med. einhalten und mehr minder zahlreiche Aeste nach beiden Seiten abgeben. Unter den von mir benützten Versuchsthieren erwies sich daher das Lamm als das entschieden für die hier in Rede stehenden Beobachtungen geeignetste. Die Beobachtung der Gefässe geschah in allen meinen Versuchen vermittelst der Lupe. Die Erfahrungen, die ich gelegentlich meiner Gehirnversuche bezüglich der Vortheile der Erhaltung der Dura mater gewonnen hatte, bestimmten mich von vornherein dazu, die Beobachtungen soweit als möglich bei Erhaltung der Dura vorzunehmen, und in der That sind beim Rückenmarke noch mehr Gründe für diesen Modus der Untersuchung vorhanden als beim Gehirn. Die Dura mater zeigt sich bei allen den genannten Thieren als eine anfänglich wenigstens völlig durchsichtige Membran. Durch dieselbe hindurch lassen sich meist für längere Zeit die Injectionsverhältnisse der Pia, namentlich bei Benützung der Lupe, mit vollster Deutlichkeit wahrnehmen. Erst nach längerem Blossliegen und zwar bei einzelnen Thieren früher, bei anderen später (bei häufigen Abtupfen und Wischen der Dura gewöhnlich früher, als wenn dies nicht geschieht) trübt sich die Dura, so dass eine genauere Wahrnehmung durch dieselbe hindurch nicht mehr möglich ist. Ich schritt alsdann, aber auch bei noch nicht getrübter Dura gewöhnlich bei Schluss des Versuches zur Abtragung der Dura. Dieser Eingriff gestaltet sich viel schwieriger, als man a priori glauben möchte, wenn er ohne Verletzung eines der Piagefässe durchgeführt werden soll. Unmittelbar nach dem Einschneiden der Dura fliesst die Subdural- und Subarachnoidealflüssigkeit ab*). Die Dura legt sich hierauf knapp an die Pia an, und selbst mit der äussersten Vorsicht gelingt es oft nicht, die dünne und nur undeutlich sich abgrenzende Membran ohne Verletzung eines Gefässes von der Pia abzuheben und weiter abzutrennen. Nach dem Abfluss der Subdural- und Subarachnoidealflüssigkeit beginnt

---

*) Am Gehirne z. B. von Kaninchen sieht man nach Abtragung der Dura noch deutlich das Ab- und Zufluthen der Subarachnoidealflüssigkeit. Die abfliessende Flüssigkeit muss daher aus dem Subduralraum stammen. Am Rückenmarke konnte ich mich nach Abtragung der Dura von einem Nochvorhandensein der Subarachnoidealflüssigkeit nicht überzeugen. Es scheint hier bei der Entfernung der Dura wahrscheinlich in Folge einer einst nicht leicht zu vermeidenden Mitverletzung des äusseren Piablattes (der Arachnoidea älterer Autoren) mit der Subduralauch die Subarachnoidealflüssigkeit abzufliessen.

auch sehr rasch das Eintrocknen der Pia und hiemit die Reactionsunfähigkeit der Gefässe. Die Veränderungen, welche das Caliber der Piaarterien, unmittelbar nach der Blosslegung des Rückenmarkes darbietet, sind minder auffällig als die entsprechenden Veränderungen der Piaarterien des Gehirns. Häufig liess sich eine deutliche Aenderung des Lumens überhaupt nicht wahrnehmen. In anderen Fällen war dagegen eine deutliche, langsam zunehmende Erweiterung zu constatiren. Eine deutliche Verengerung ist dagegen nur sehr selten wahrzunehmen. Eine Erweiterung der Gefässe und zwar nicht bloss der arteriellen, sondern auch der venösen, letztere sogar viel ergiebiger hervortretend, machte sich immer bei Bewegungen des Thieres bemerklich. Da bei heftiger Bewegung ausserdem die Blutung, wenn sie bereits auch einige Zeit sistirt hatte, neuerdings begann, und hiemit die Beobachtung unmöglich wurde, so war es nothwendig, auch nach der Blosslegung des Rückenmarkes, und der Stillung der Blutung, also während der eigentlichen Versuchszeit das Thier in einer, wenn auch minder tiefen Narkose zu erhalten. Dieser prolongirten Narkose sind, aller Vorsicht ungeachtet, bei Anwendung des Chloroforms manche meiner Versuchsthiere erlegen.

Der Strom wurde bei den Versuchen mit Längsdurchströmung des Rückenmarkes in der Regel derart applicirt, dass ein Pol mit der Halswirbelsäule, der andere mit dem untern Theil der Lendenwirbelsäule in Verbindung gesetzt wurde. Die Einleitung des Stromes bewerkstelligte ich in den ersten Versuchen vermittelst kleiner Flanell überzogener Knopfelektroden, wie sie in der Elektrotherapie gebräuchlich sind. Diese wurden an glattgeschorene Stellen der betreffenden Rückenpartieen applicirt. Dieser Modus erwies sich jedoch als unpraktisch, aus mehrfachen Gründen (Abgleiten der Knöpfe bei Bewegungen der Thiere, Nothwendigkeit besonderer Assistenz zum Halten der Elektroden etc.). Ich ging desshalb dazu über, einen ziemlich dicken Kupferdraht mehrere Cm. lang quer unter die Haut der betreffenden Stellen des Rückens durchzuführen. Die beiden Enden dieses Kupferdrahts wurden zusammengedreht und mit der Leitungsschnur in Verbindung gebracht. Noch später benützte ich länglich viereckige, an beiden Seiten durchlöcherte Zinkblechplättchen, welche unter die durch einen Einschnitt abgetrennte Haut eingeführt wurden. Diese wurden durch einen Kupferdraht, welcher durch die seitlich an den Plättchen angebrachten Löcher durchgezogen war, mit den Leitungsschnüren in Verbindung gebracht.

Als Stromquelle diente in allen Versuchen bis auf einen eine Batterie Siemens'scher Elemente. Die Stromstärken variirten im Allgemeinen von $5^0 — 40^0$ Nadelausschlag; meist war jedoch der Nadelausschlag ein geringer. Die Einschaltung des Stromes geschah in der Regel erst dann, nachdem eine weitere

Veränderung des Calibers der beobachteten Gefässe nicht mehr zu constatiren war. Auch die Einwirkung der Bewegungen, welche meist beim Schliessen des Stromes, wahrscheinlich durch Reizung der Nervenwurzeln, eintreten, wurden gebührend berücksichtigt. Es wurden nur solche Veränderungen als von der Einwirkung des constanten Stromes herrührend notirt, welche nicht wie die von den Bewegungen des Thieres abhängigen momentan oder nur einige Secunden währten, sondern während der ganzen oder wenigstens des grösseren Theiles der Stromdauer anhielten. In mehreren Versuchen wurde auch die Einwirkung peripherer faradischer Reizung auf die Piagefässe des Rückenmarkes einer Prüfung unterworfen.

Versuch I.

3 Monate altes Kätzchen, Chloroformnarkose. Blosslegung des Rückenmarkes, vom untersten Theile des Brustmarkes nach abwärts. Mässige Blutung. In der Mitte der blossgelegten Markpartie ein längs verlaufendes venöses Gefäss, von welchem zahlreiche seitliche Aeste abgehen. Dieses Gefäss wendet sich weiter oben seitlich. Ausserdem mehrere arterielle Gefässe im Gesichtsfelde.
1. Absteigender Strom. Die als arteriell erscheinenden Gefässe sowohl als die Vene weiter; Thier vollkommen ruhig athmend. Nadelausschlag 6°.
2. Aufsteigender Strom. Nadelausschlag 5°. Im ersten Moment werden die Gefässe anscheinend etwas enger; später keine merkliche Veränderung.
3. Absteigender Strom. Die Injection ist eine stärkere.

Versuch II.

Halbgewachsenes Kätzchen. Chloroformnarkose. Blosslegung des Rückenmarkes vom Anfangstheile des Lendenmarkes anfangend nach auf- und abwärts. Reichliche Injection der Pia mater. Nicht unerhebliche Blutung aus den intravertebralen venösen Plexus. Injection alsbald noch zunehmend.
1. Absteigender Strom. Geringe Erweiterung der Gefässe, insbesondere Zunahme des grösseren venösen sich unten theilenden Gefässes. Nadelausschlag 5°.
2. Aufsteigender Strom. Keine merkliche Aenderung, jedenfalls keine Erweiterung. Abtragung der Dura mater.
3. Absteigender Strom. Nadelausschlag 10°. Geringe Zunahme, stärkere Füllung der Gefässe.
4. Aufsteigender Strom. Nadelausschlag 10°. Anfänglich Verringerung, später eher etwas Zunahme der Weite der Gefässe.
Periphere Reizung mit dem Inductionsstrome. Starke Zunahme der Injection.

Versuch III.

Halbgewachsenes Meerschweinchen; Eröffnung des Rückenmarkes von der Mitte der Brustwirbelsäule nach abwärts. Aethernarkose. Genau in der Mitte senkrecht emporsteigend ein bläulich durchschimmerndes venöses Gefäss mit seitlich abgehenden Aesten. Ferner von den Seiten gegen die Mittellinie in nahezu regelmässigen Abständen verlaufend, deutlich hellrothe arterielle, theils schmälere, theils stärkere Aestchen.

1. Absteigender Strom. Keine merkliche Aenderung anfänglich, später geringe Erweiterung, Nadelausschlag 4°.
2. Aufsteigender Strom. Geringe Verengerung. Steigerung des Stromes: Verengerung deutlicher*).

Versuch IV.

Ausgewachsenes Kaninchen von ungewöhnlicher Grösse. Aethernarkose. Eröffnung des Wirbelcanals ungefähr in der Mitte der Dorsalwirbelsäule. In der Mitte des Gesichtsfeldes die vena mediana mit seitlichen Verzweigungen in grösseren Abständen. Rechts, wo die Wirbelbogen in grösserer Ausdehnung abgetragen wurden, sind zwei längs und parallel verlaufende Gefässe zu beobachten, dem Anscheine nach arteriell. Das eine davon, das stärkere, verästelt sich hauptsächlich nach oben zu, und ein sehr feiner Ast vereinigt sich mit einem Aestchen, das gegen die ven. med. zieht. Das andere noch weiter lateral liegende Gefäss, sehr lang und schmal, gibt ebenfalls Aestchen ab, welche, wie es scheint, mit denen des anderen arteriellen Gefässes nach oben zu communiciren.

Blutung nicht erheblich, aber sehr hartnäckig, wegen derselben ist nur die Blosslegung einer beschränkten (circa 2½—3 Cm.) langen Markpartie möglich. Dura mater völlig intact. Caliber der arteriellen Gefässe bei längerer Beobachtung gleichbleibend.
1. Absteigender Strom: Deutliche Erweiterung.
2. Aufsteigender Strom: Keine merkliche Veränderung; im Laufe der Zeit Gefässe eher enger.
3. Absteigender Strom: Gefässe weiter.

Die Einleitung des Stromes geschah durch Blechblättchen an Nacken und Lendenwirbelsäule.

Versuch V.

Lamm. Aethernarkose. Blosslegung des Rückenmarkes an der unteren Partie des Dorsalmarkes. Von der rechten Seite und dem unteren Rande zutretend, nach aufwärts und der Mittellinie verlaufend ein venöses Gefäss, welches weiter nach aufwärts nicht strenge die Mittellinie einhält. Zu beiden Seiten dieses Gefässes in der Hauptsache längs verlaufende, schmale arterielle Gefässe, deren Caliber bei längerer Beobachtung keine auffallende Veränderung zeigt (höchstens sich etwas verringert).
1. Absteigender Strom. Nadelausschlag 28°. Erweiterung der Arterien, Pulsation an einer Anzahl von Arterien sichtbar. Diese Erweiterung während der Stromdauer zunehmend, desgleichen die Pulsation; dieselbe ist so bedeutend, dass an einem der Zweigchen eine grössere Strecke sich förmlich hin und her bewegt. 2 Minuten.
2. Aufsteigender Strom. Nadelausschlag 28°. Gefässkaliber wenig geändert, eher enger, Pulsation entschieden geringer, Verengerung nach 1½ Minuten merklicher, Pulsation noch geringer. Stromdauer 2¼ Minuten.
3. Absteigender Strom. Nadelausschlag 31°. Caliberveränderung nicht sehr erheblich, soweit zu beobachten, Gefässe jedenfalls eher weiter. Pulsation an dem einen Zweigchen wieder lebhafter. Erweiterung später deutlicher.
4. Periphere Reizung mit dem Inductionsstrome. 11½—7½ Centimeter Rollenabstand. Geringe Erweiterung und deutliche

---

*) Beim Abtragen der Dura erfolgte Verletzung eines Pia-Gefässes, in Folge welcher eine Fortsetzung des Versuches unmöglich wurde.

Verstärkung der Pulsationen an den Arterien. Dura bis dato erhalten. Abtragung derselben. Gefässinjection mittel.
5. Reizung der gleichseitigen*) Hinterextremitäten mit dem Inductionsstrome. 6½ Centimeter Rollenabstand. Geringe Zunahme. Reizung auf der anderen Seite: Erfolg wie vorher; geringe Zunahme.

Versuch VI.

Lamm von 8—10 Wochen, Aethernarkose, Blosslegung des Rückenmarkes in der Mitte des Dorsalmarkes ungefähr; mässige Blutung. Zwischen Dura mater und Periost ziemlich reichliche Massen von Fettgewebe. In der Mittellinie, dem sulcus med. post. entsprechend, von oben nach unten verlaufend ein deutlich venöses Gefäss (hellroth wegen des Aether's). In der Mitte des blossgelegten Gesichtsfeldes eine Verdünnung dieses Gefässes; weiter nach abwärts zu erneuter Uebergang desselben in stärkeres Caliber. Zu dem Gefässe treten von der Seite, und zwar vorzüglich von der linken Seite stärkere Venenstämme heran. Ein deutlich arterielles Stämmchen an der oberen Partie der linken Markhälfte von der Seite her zutretend und sich in zwei lange schmale Aeste theilend, wovon der eine schräg gegen die Mittellinie, der andere leicht bogenförmig nach abwärts zieht. Injection der Gefässe mässig und so bei längerer Beobachtung verbleibend.
1. Absteigender Strom. 10 Stöhrer'sche El., später 15—20 El. 4 Minuten. Stärkere Injection der Gefässe.
2. Aufsteigender Strom. 10—20 El. 5 Minuten. Injection dem Anscheine nach sich wenig verändernd. Nach der Oeffnung des Stromes deutliche Erweiterung und Pulsation an dem gegen die Mittellinie verlaufenden arteriellen Aste.
3. Aufsteigender Strom. 15 El. Arterien etwas schmäler als vorher und keine Pulsation zeigend. Steigerung des Stromes (18 El.). Caliber der arteriellen Gefässe gleichbleibend. 4 Minuten.
4. Absteigender Strom. 10—20 El. Anfänglich Gleichbleiben des Arteriencalibers. Hierauf allmälig mässige Zunahme desselben; besonders an den Hauptstämmchen und dem nach abwärts verlaufendem Aste wahrnehmbar. Spätere Zunahme noch deutlicher. 4 Minuten.

Reizung der Hinterextremitäten mit dem Inductionsstrom (eine Pinselelektrode, eine feuchte Elektrode): Deutliche Zunahme der Injection bei Reizung sowohl der gleichseitigen als der gegenüberliegenden Extremität. Diese Zunahme auch nach Abtragung der Dura bei erneuter faradischer Reizung zu constatiren. Rollen übereinander geschoben.**)

---

*) i. e. Derjenigen Hinterextremität, welche mit den beobachteten Gefässen gleichseitig war. Es wurden nämlich, da eine gleichzeitige Beobachtung sämmtlicher Gefässe an der blossgelegten Markpartie nicht möglich ist, in der Regel nur die auf einer Seite (rechts oder links von der fissura mediana post.) befindlichen Arterien zum Gegenstande der Beobachtung gemacht.

**) Der in diesem Versuche benützte Inductionsapparat ist von bedeutend geringerer Wirksamkeit als der in den übrigen Versuchen gebrauchte. Die Stromstärke bei übereinander geschobenen Rollen entspricht etwa der bei 7 Cm. Rollenabstand des anderen Apparates.

Versuch VII.

Meerschweinchen*). Eröffnung der Wirbelhöhle in der Mitte der Wirbelsäule nach auf- und abwärts. Dura mater völlig intact. Injection der blossliegenden Partie mässig In der Mitte deutlich sichtbar ein venöses Gefäss, von welchem in grösseren Abständen seitliche Zweige abgehen; daneben einzelne hellrothe (arterielle) Aestchen. Inductionsstrom. Reizung der Beine mit diesem bewirkt eine Verstärkung der Injection. Inhalation von Amylnitrit; Deutliche Zunahme der Gefässweite, namentlich an der mittleren Vene wahrnehmbar. Abtragung der Dura. Reizung der Muskulatur in der Nähe der Wunde: Verengerung der Gefässe.

Ueberblicken wir die Ergebnisse der im Vorstehenden angeführten Versuche, so zeigt sich, dass dieselben die zwei ersten von jenen drei Fragen, deren experimentelle Lösung ich unternahm, in ganz klarer Weise entscheiden. Wir ersehen aus den Versuchen:

1) dass es gelingt, durch Einleitung mässiger, therapeutisch verwendbarer constanter Ströme in den Wirbelkanal von Thieren eine deutliche Wirkung auf die Gefässe der Rückenmarkspia auszuüben,

2) dass die Art dieser Wirkung je nach der Richtung des eingeleiteten Stromes eine verschiedene ist.

Aus sämmtlichen Versuchen ergibt sich, dass absteigende Ströme (respective Applicatien des + Pols an die Halswirbelsäule) Erweiterung der arteriellen Gefässe bewirken. Dieser Erfolg tritt, wo überhaupt eine Aenderung an den Piagefässen des Rückenmarkes zu beobachten ist, ganz regelmässig auf. Es ist in keinem der von mir angestellten Versuche eine Verengerung der Piagefässe bei absteigender Stromrichtung beobachtet worden. An der Erweiterung der Gefässe participirten in einzelnen Fällen auch die Venen ganz deutlich. Die Zunahme des Arteriencalibers, welche der constante Strom in den angeführten Versuchen producirte, war im Durchschnitte nur eine mässige, sie erreichte nie den Umfang, der z. B. bei Einwirkung des Amylnitrits zu beobachten ist. Auch trat die Erweiterung keineswegs in jedem Versuche sogleich nach Stromschluss hervor. Sie stellte sich öfters in deutlicher Weise erst nach einer gewissen Stromdauer ein, hielt jedoch immer bis zur Stromöffnung, nicht selten auch noch einige Zeit nach dieser an.

Die Wirkung aufsteigender Ströme (resp. der Application des — Poles an die Halswirbelsäule) unterscheidet sich, wie wir sehen, in mehrfachen Beziehungen von der absteigender Ströme. Zunächst ist hervor zu heben, dass die durch aufsteigende Ströme producirten Veränderungen der Gefässweite im Ganzen minder erheblich und minder gleichförmig sind als die durch absteigende Ströme

---

*) Ob Chloroform — oder Aethernarkose gebraucht wurde, ist in dem Versuchsprotokoll zu notiren versäumt worden.

hervorgerufenen. In mehreren Reizversuchen war eine deutliche Aenderung des arteriellen Lumens weder in dem einen noch in dem anderen Sinne zu constatiren. Dagegen trat — mit einer sogleich zu berührenden Ausnahme — in allen Versuchen, in denen eine Lumensschwankung überhaupt beobachtet wurde, Verengerung der Gefässe ein. In einem Reizversuche des zweiten Experimentes trat nachdem anfänglich eine Verengerung der Gefässe sich eingestellt hatte, eine geringfügige Erweiterung derselben ein. Dieser Wechsel in den Caliberverhältnissen ist nicht ohne Weiteres auf die Einwirkung des constanten Stromes zurückzuführen. Ich habe oben schon erwähnt, dass Bewegungen des Thieres eine Erweiterung der Piagefässe zur Folge haben. Dieser Einfluss der Bewegungen auf die Piagefässe macht sich natürlich während der Einwirkung aufsteigender Ströme eben so gut als unter anderen Verhältnissen geltend. Da die verengernde Wirkung aufsteigender Ströme ohnediess keine sehr energische ist, so gelingt es, wie ich mich zu überzeugen Gelegenheit hatte, der Einwirkung der Bewegungen sogar leicht, den Einfluss des aufsteigenden Stromes auf die Gefässlumina zu übercompensiren. Es sind deshalb Reizversuche, in welchen das Thier anhaltend Bewegungen ausführt, unbrauchbar. Ich bin nun nicht in der Lage mit Sicherheit die nach vorhergängiger Verengerung beobachtete geringfügige Zunahme der Gefässweite auf die Einwirkung von Bewegungen zurückzuführen, da hierüber in dem betreffenden Versuchsprotokolle nichts constatirt ist; das Statthaben einer solchen mag jedoch übersehen worden sein, wenn dieselbe nicht erheblich war. Ich glaube, diesen Erklärungsmodus um so eher adoptiren zu dürfen, als in den Lammversuchen, auf deren Ausführung die peinlichste Sorgfalt verwendet wurde, und in welchen die Beobachtung der Gefässe wegen des grösseren Calibers und der grösseren Ausdehnung der beobachtbaren Gefässstrecken die zuverlässigsten Resultate lieferte, von einem Umschlagen der Wirkung während der Stromdauer oder einer primären Erweiterung der Gefässe bei aufsteigender Stromrichtung nichts zu beobachten war. Berücksichtigt man alle diese Umstände, so wird man den Schluss nicht abweisen können, dass wir durch in aufsteigender Richtung in den Spinalkanal eingeleitete Ströme, resp. Application des — Poles an die Halswirbelsäule eine Verengerung der Piaarterien des Rückenmarkes herbeizuführen im Stande sind. Dieser Schluss findet eine gewichtige weitere Stütze in der Thatsache, dass sich durch Application des — Poles an die Halswirbelsäule auch in anderen Gefässgebieten (Retinaarterieen, Wangenarterieen) Verengerung herbeiführen lässt. (S. hierüber Seite 48 u. f.)

Was den vorstehend angeführten Versuchsergebnissen einen erhöhten Werth verleiht, ist der Umstand, dass dieselben völlig mit dem übereinstimmen, was von mir bezüglich des Einflusses in der Längsrichtung durch den Kopf geleiteter Ströme auf die Weite der Piagefässe des Gehirns ermittelt wurde. Auch bei der Längsleitung durch den Kopf tritt bei Application des + Poles an den Nacken des Thieres Erweiterung, bei Application des — Poles Verengerung der Piaarterien ein. Diese Uebereinstimmung in den Resultaten beider Versuchsreihen legt uns die Annahme sehr nahe, dass wir es hier mit Wirkungen zu thun haben, die von denselben centralen Mechanismen ausgehen. Wo diese Mechanismen sich befinden, hierüber kann kaum ein Zweifel obwalten. Wir wissen, dass zwar in der ganzen Länge des Rückenmarkes vasomotorische Apparate sich finden, diese aber besonders reichlich in den obersten Markabschnitten vertreten sind, dass ferner in der med. obl., die bei Application einer Elektrode an den Nacken ebenfalls von Stromschleifen erreicht wird, sich ein sehr wichtiges vasomotorisches Centrum befindet. Da an den Applicationsstellen der Elektroden die Stromdichte stets am bedeutendsten ist, so wird es wohl nicht als gezwungene Annahme erachtet werden können, dass bei Application einer Elektrode an den Nacken die vasomotorischen Apparate in den oberen Markpartieen (inclusive med. obl.) von Stromschleifen in genügender Dichte getroffen werden, um eine Aenderung in ihren functionellen Verhältnissen zu erfahren. Die Erweiterung der Piagefässe bei absteigender, die Verengerung derselben bei aufsteigender Stromrichtung beruht also auf entgegengesetzten Modificationen in den Thätigkeitsverhältnissen der vasomotorischen Apparate in den obersten Markabschnitten (incl. med. obl.), welche Modificationen durch die Einwirkung der beiden Pole zu Stande kommen.*)

Bei den nachstehend mitzutheilenden Versuchen wurde von der horizontalen Durchleitung des Stromes (ein Pol Sternum, ein Pol Rücken) Gebrauch gemacht. Die Einleitung des Stromes geschah in einer Weise, die den therapeutisch üblichen Applicationen wenigstens sich möglichst nähert, da eine völlige Nachahmung dieser hier nicht ausführbar ist. Es wurde ein grösseres Zinkplättchen unter die durch einen Einschnitt abgetrennte Haut

---

*) Wollte man dagegen annehmen, dass die bei auf- und absteigender Stromrichtung an der Rückenmarkspia beobachteten Caliberveränderungen von einer directen Einwirkung der in den Spinalcanal eindringenden Stromschleifen auf die Piagefässe, resp. deren vasomotorische Nerven herrühren, so stünde wir der seltsamen Erscheinung gegenüber, dass aufsteigende Ströme am Rückenmarke eine Verengerung der Gefässe, am Gehirne dagegen eine Erweiterung, absteigende Ströme am Rückenmarke eine Erweiterung, am Gehirne eine Verengerung der Gefässe herbeiführen. Da eine derart entgegengesetzte Einwirkung nicht wohl denkbar ist, erübrigt nur die oben ausgesprochene Annahme, dass die Caliberveränderungen von Beeinflussung in den obersten Markpartieen befindlicher vasomotorischer Apparate abhängen.

am Sternum eingeführt und durch einen Kupferdraht mit dem einen Zuleitungsdrahte in Verbindung gesetzt. Zwei kleinere Zinkplättchen wurden am Rücken unter die Haut ober- und unterhalb der blossgelegten Rückenmarkspartie eingeführt und beide Plättchen durch Kupferdrähte mit dem anderen Zuleitungsdrahte verknüpft.

Versuch VIII.

Ausgewachsenes Kaninchen. Aethernarkose. Blosslegung des Rückenmarkes im oberen Theile des Dorsalmarkes. In der Mitte des Gesichtsfeldes ein nach oben zu gablich sich theilendes, dem Anscheine nach venöses Gefäss; seitlich und in der Mitte zwischen den Gabeln längs verlaufende, schmale arterielle Gefässe. Das Lumen dieser Gefässe nimmt bei längerer Beobachtung zu. Nach oben zu von der Seite ein stärkeres venöses Gefäss zutretend, das mit den gablich sich theilenden communicirt. Blutung mässig. Bei weiterem Abtragen der Wirbel, an der Seite ein weiteres längs verlaufendes arterielles Gefäss sichtbar. Caliber dieses Gefässes bei längerem Beobachten auch etwas zunehmend.

+ Pol Rücken. Nadelausschlag 27°: Caliber der Gefässe sehr wenig verändert, eher enger, später etwas zunehmend; diese Zunahme jedoch nicht sehr erheblich; noch später die Erweiterung deutlicher.

+ Pol Brust — Pol Rücken. Nadelausschlag 27°: Caliber annähernd gleich; Steigerung des Stromes: 35° Nadelausschlag, bis zum Schlusse des Versuches (vier Minuten) keine sehr auffallende Veränderung.

+ Pol Rücken — Pol Brust: Nadelausschlag 40°: Caliber zunehmend; eine Minute.

+ Pol Brust — Pol Rücken: Keine sehr merkliche Aenderuug des Calibers.

+ Pol Rücken — Pol Brust. Nadelausschlag 30°. Caliber zunehmend.

Versuch IX.

Kleines Lamm. Aethernarkose, ziemliche Blutung. Eröffnung der Wirbelhöhle in der Mitte der Dorsalwirbelsäule. Die ven. med. in der Mitte des Gesichtsfeldes die Mittellinie einhaltend, nach oben und unten seitlich abweichend und sich gablich theilend. Seitlich von der ven. med. arterielle Gefässe. Die Injection der Gefässe bei längerer Beobachtung zunehmend; später gleichbleibend.

— Pol Rücken + Pol Sternum. Nadelausschlag 35°: Weder das Lumen der Venen, noch der Arterien anfänglich viel verändert, doch eher weiter. Die Erweiterung später merklicher. $2^1/_2$ Minuten. Etwas Pulsation an den Arterien wahrzunehmen. Die Erweiterung noch später deutlicher.

+ Pol Rücken — Pol Sternum. Nadelausschlag 35°. Auch jetzt keine sehr erhebliche Veränderung, aber jedenfalls Erweiterung; dieselbe wird später etwas deutlicher sogar als vorhin; $3-3^1/_2$ Minuten. Gefässe nach der Oeffnung etwas enger.

— Pol Rücken + Pol Sternum. 30—40° Nadelausschlag: Gefässe jedenfalls weiter; Erweiterung aber nicht sehr erheblich.

+ Pol Rücken — Pol Sternum. Nadelausschlag 35°: Erweiterung jetzt etwas deutlicher.

— Pol Rücken + Pol Sternum. Nadelausschlag 30°: Keine wesentliche Veränderung. Verstärkung des Stromes: Erweiterung deutlicher.

Inductionsstrom: Reizung der gleichseitigen Hinterextremität: Anfänglich keine Veränderung, später bei $6^1/_2$ Rollenabstand: Erweiterung und verstärkte Pulsation.

Versuch X.

Ziemlich grosses und kräftiges Lamm. Aethernarkose. Eröffnung der Wirbelhöhle in der Mitte der Dorsalwirbelsäule. Nicht unbeträchtliche Blutung. In der Mitte des blossgelegten Gesichtsfeldes die vena mediana; ein allerdings nicht sehr beträchtliches arterielles Gefäss von der Seite her zutretend und sich in zwei auf- und abwärts verlaufende Aestchen theilend. Aehnliches Gefässverhalten weiter oben; diese Arterienstämmchen erweitern sich bei längerem Beobachten. Auf der rechten Seite reichlichere arterielle Injection.

+ Pol Sternum — Pol Rücken; Nadelausschlag 40°. Deutliche Erweiterung und stärkere Pulsation an dem arteriellen Gefässe wahrnehmbar. Die stärkere Pulsation und die Erweiterung anhaltend, später die Pulsation nachlassend.

+ Pol Rücken, — Pol Sternum; Nadelausschlag 40°. Im ersten Moment Verengerung, hierauf Rückkehr zum vorigen Lumen. Allmälig werden wieder stärkere Pulsationen der arteriellen Gefässe wahrnehmbar; später anscheinend noch weitere Zunahme der Injection.

+ Pol Sternum, — Pol Rücken; Nadelausschlag 40°. Wiederum geringe Erweiterung der Arterien.

Pause von mehreren Minuten.

+ Pol Rücken, — Pol Sternum; Nadelausschlag 40—45°; etwas stärkere Pulsation; vielleicht auch etwas Zunahme des Calibers.

Die Dura mater blieb in allen drei vorstehenden Versuchen erhalten.

Wir erfahren aus den vorstehenden Versuchen, dass in qualitativer Beziehung in der Wirkung beider Pole auf die Gefässe der Rückenmarkspia eine wesentliche Differenz nicht besteht. Beide Pole können Erweiterung der arteriellen Gefässe herbeiführen. Im Einzelnen erweist sich jedoch die Wirkung beider Pole wenigstens in quantitativer Beziehung nicht völlig gleich. Die sich ergebenden Differenzen zeigen aber keine Constanz. Bei Application des + Poles am Rücken ergab sich durchgängig Erweiterung der Gefässe, zwei Male nach vorhergängiger Verengerung. Bei Application des — Poles am Rücken trat in den Lammversuchen durchgängig Erweiterung ein und zwar war diese in Versuch II bedeutender als bei Einwirkung des + Poles, während in Versuch I (Kaninchen) keine deutliche Caliberänderung constatirt werden konnte. Ob diese Differenzen von individuellen Eigenthümlichkeiten der gebrauchten Versuchsthiere oder sonstigen Momenten (Einwirkungen auf die vasomotorischen Centren im Halsmarke?) abhängen, bin ich nicht in der Lage zu entscheiden.

Vergleichen wir die lokalen Wirkungen beider Pole auf die Piagefässe des Rückenmarkes mit den Wirkungen derselben auf die Hautgefässe, wie sie insbesondere durch die Versuche Hrn. Prof. v. Ziemssens[52] festgestellt wurden, so ergibt sich in mehreren Beziehungen eine Uebereinstimmung. Auch an der Haut ist die Wirkung beider Pole auf die Gefässe in qualitativer Beziehung gleich; an der Anode ergibt sich zuweilen nach vorhergängiger Anämie eine Hyperämie, an dem — Pole treten aber beide Veränderungen schneller, sowie in- und extensiver als an dem

+ Pole auf, was ich an den Piagefässen im Allgemeinen nicht finden konnte. Ein Ergebniss der beiden Versuchsreihen ist ferner die Thatsache, dass Reizung der Haut mit starken faradischen Strömen Erweiterung der Arterien der Rückenmarkspia herbeiführt. Diese Thatsache steht in Uebereinstimmung mit den Erfahrungen, welche ich bezüglich des Einflusses faradischer Hautreizung auf die Weite der Piagefässe des Gehirns gewonnen habe; sie steht ferner in Uebereinstimmung mit der von mir am Kaninchen gemachten experimentellen Beobachtung, dass starke faradische Hautreizung Erweiterung der Retinaarterien herbeiführt. Eine Verengerung der Piaarterien des Rückenmarkes konnte ich als Folge peripherer faradischer Reizung weder bei Anwendung mässiger, noch starker Ströme beobachten.*) Meine in dieser Richtung gehegten Erwartungen blieben unerfüllt. Was die Deutung dieses Versuchsergebnisses anbelangt, so muss ich zunächst die Annahme zurückweisen, dass es sich hier vielleicht um eine als Folgewirkung von Muskelcontractionen auftretende collaterale Hyperämie handeln könnte. Es ist selbstverständlich, dass bei Reizung einer Hautpartie mit beträchtlichen faradischen Strömen Contractionen in den darunter liegenden Muskeln nicht leicht ausbleiben. Solche fehlten auch in den hier in Betracht kommenden Versuchen nicht, betrafen jedoch nur beschränkte Muskelgruppen, da die Reizung gewöhnlich an einer Hinterextremität vorgenommen wurde. Dass diese Muskelcontractionen die beobachtete Erweiterung der Piaarterien nicht herbeiführten, können wir aus dem Umstande schliessen, dass letztere öfter schon eintrat, bevor Muskelcontractionen bemerkbar wurden; andererseits zeigen zahlreiche physiologische Erfahrungen, dass durch directe Reizung sensibler Nerven sowie durch Reizung von Hautpartieen vermittelst chemischer Agentien in verschiedenen Gefässgebieten Erweiterung ohne vorhergehende Verengerung sich herbeiführen lässt, so z. B. Erweiterung der Ohrgefässe bei Reizung des Ischiadicus und sensibler Cervialnerven [53]), Erweiterung der Gefässe des Froschmesenteriums etc., bei Reizung der Haut eines Beines durch Faradisation mit starken Strömen, Senfspiritus, Cantharidentinktur etc. (Naumann [54]) anfängliche Erweiterung der Piaarterien des Gehirns bei Application von Senfteigen auf ausgedehnte Hautpartieen (Schüller [55]) u. s. w. Es kann demnach wohl keinem Zweifel unterliegen, dass die hier in Rede stehende Gefässerweiterung Folge der faradischen Hautreizung war und durch reflectorische Beeinflussung vasomotorischer Centren zu Stande kam.

---

*) Es ist jedoch zu berücksichtigen, dass ich die faradische Reizung immer nur kurze Zeit ($1/_2$ Minute etwa) anwandte.

V. Abschnitt.
Wirkungen der therapeutischen Galvanisation des Rückens.

Die Galvanisation des Rückens kann in verschiedener Weise ausgeführt werden. Man kann hiebei beide Elektroden oder nur eine an die Wirbelsäule appliciren; im letzteren Falle wird die zweite Elektrode an irgend eine andere Stelle des Rückens oder an die Vorderfläche des Rumpfes, oder endlich an eine Extremität angesetzt. Ich habe im Nachstehenden zunächst nur diejenige Procedur im Auge, bei welcher die beiden Elektroden an die Wirbelsäule applicirt werden — die Galvanisation längs der Wirbelsäule Benedicts —; was indess für diese gilt, gilt im Wesentlichen auch für die anderen Methoden der Rückengalvanisation — mit Ausnahme derjenigen, wobei die zweite Elektrode an eine Extremität applicirt wird.

Ich unterscheide die im Titel genannten Wirkungen in:
1. Primäre, i. e. während der Durchleitung des Stromes oder unmittelbar nach derselben auftretende,
2. in secundäre, i. e. solche, die erst einige Zeit nach der Application oder nach wiederholten Applicationen bemerkbar werden. Die therapeutischen Erfolge der Rückengalvanisation gehören im Wesentlichen dieser Rubrik an.

I. Primäre Wirkungen.

Der Eintritt der primären Wirkungen der Galvanisation des Rückens ist zunächst an die Einwirkung einer bestimmten, individuell wechselnden Stromstärke gebunden. Diese Stromstärke gegeben, variiren die Wirkungen zum Theil, je nachdem die Elektroden an die eine oder andere Partie der Wirbelsäule applicirt werden, zum Theil je nach den Zuständlichkeiten des Gehirnes, Rückenmarkes und der Nervenwurzeln. Wir ziehen hier nur die Wirkungen therapeutisch verwendbarer Stromstärken in Betracht und sehen, um die Sache nicht zu sehr zu compliciren, von einer Unterscheidung zwischen stabiler und labiler Application ab. Setzt man, die eine Elektrode an die Halswirbelsäule, die andere an eine tiefergelegene Stelle der Wirbelsäule und schaltet einen Strom von mittlerer Stärke (20—30° Galv. von Krüger) ein, so erhält man folgende Erscheinungen:

1) Eine Empfindung mehr minder intensiven Brennens an der Applicationsstelle der negativen Elektrode, während an der des positiven Poles eine ähnliche Sensation überhaupt nicht oder

nur in geringerer Intensität auftritt*). Die Intensität dieser Sensationen ist im Allgemeinen um so bedeutender, je zarter die Haut und je geringer das Fettpolster ist, also je prominenter die Dornfortsätze. Hievon abgesehen finden sich in manchen Krankheitsfällen an der Wirbelsäule einzelne umschriebene Stellen, vorzugsweise Dornfortsätzen entsprechend, woselbst schon sehr mässige Ströme (insbesonders bei Application des — Poles) sehr bedeutende Schmerzen verursachen[56]). Diese Stellen sind zuweilen spontan schmerzhaft; öfters erweisen sich dieselben für Druck überempfindlich. So finden sich vorzugsweise über Partieen des Rückenmarkes, an welchen mehr floride entzündliche (meningitische und myelomeningitische) Processe ablaufen, ferner bei Neurosen der verschiedensten Art (Neuralgieen, Chorea etc.). Auf der anderen Seite beobachtet man namentlich bei lange abgelaufenen, veralteten Rückenmarksaffectionen öfters auffallende Unempfindlichkeit für den constanten Strom, ohne dass zu gleicher Zeit Erscheinungen von Anästhesie oder Analgesie an der Rückenhaut bestünden.

2) Hautröthung, gewöhnlich beträchtlich an der Applicationsstelle des — Poles, geringer oder fehlend an der des + Poles.

3) Geschmacksempfindungen (sogenannter galvanischer Geschmack); diese treten nach den beiden ersterwähnten Erscheinungen am häufigsten und zwar in der Mehrzahl der Fälle auf; öfters dauern dieselbe noch Tage lang nach der Oeffnung des Stromes in schwächerem Grade an.

4) Lichtblitze; sie lassen sich nach meinen Erfahrungen zum Mindesten in der Hälfte der Fälle hervorrufen; ihr Eintritt wird nicht selten auch bei Application einer Elektrode an den oberen Abschnitt der Brustwirbelsäule beobachtet (was übrigens auch für die Geschmacksempfindungen gilt).

5) Ohrensausen, wird wenigstens von Legros und Onimus[57]) erwähnt; mir ist diese Erscheinung bei Application constanter Ströme am Rücken nie vorgekommen, wohl aber in einem Falle bei Anwendung des Inductionsstromes.

6) Hustenbewegungen. Diese zählen nach meinen Erfahrungen nicht zu den häufigeren Vorkommnissen bei Galvanisation des Rückens, treten jedoch in einzelnen Fällen ganz regelmässig auf. Die Auslösung derselben gelang mir mit beiden Polen, und waren Wendungen oder jähe Stromschliessungen hiezu nicht erforderlich. Häufig waren diese Bewegungen von

---

*) Hiebei ist jedoch vorausgesetzt, dass beide Elektrodenplatten von gleicher Grösse sind. Wählt man für die negative Elektrode eine erheblich grössere Platte als für die positive, so kann die Sensation des Brennens an der Applicationsstelle der negativen Elektrode in Wegfall kommen, dagegen an der Applicationsstelle der positiven Elektrode auftreten.

einem Kitzelgefühle im Halse begleitet. Bei mehreren Personen nahm ich die Gelegenheit war, die Zone am Rücken, von welcher aus Hustenbewegungen sich hervorrufen liessen, genauer zu umgrenzen; dieselbe erstreckte sich über die untere Hälfte der Halswirbelsäule und die oberen drei bis vier Brustwirbel. Schon diese Localisirung scheint mir gegen Brenners Annahme zu sprechen, dass die in Rede stehenden Hustenbewegungen auf Vagusreizung zu beziehen seien. Noch mehr dürfte aber hiegegen die von Brenner selbst erhärtete Thatsache sprechen, dass bei unipolarer Reizung die Auslösung des Hustens früher und sicherer durch die Anode als durch die Kathode geschieht (S. Brenner, Unters. 2. Band 1869. S. 83). Dieser Umstand weist meines Erachtens eher auf einen centralen Auslösungsort hin. Vielleicht handelt es sich um Einwirkungen auf die spinalen Athmungscentren.

7) Verschiedene Erscheinungen, welche auf Beeinflussung der Organe im Innern der Schädelhöhle hinweisen: Eingenommenheit des Kopfes, Schwindel von leisen Andeutungen bis zu den bedeutendsten Intensitäten, Druck im Hinterhaupt (Schraubstockgefühl), unter Umständen aber auch Erscheinungen entgegengesetzter Art: Verringerung oder Beseitigung abnormer Sensationen im Kopfe, wie z. B. des Gefühles der Eingenommenheit oder Schwere im Kopfe; die erstgenannten Erscheinungen sind mitunter von objectiv wahrnehmbaren vasculären Veränderungen, lebhafter Röthung des Gesichtes, stärkerer Pulsation der Kopfarterien begleitet. Unter diesen Erscheinungen bedarf die Entstehung der cutanen Sensationen und der Hautröthung keiner besonderen Erörterung. Die Geschmackssensationen, die Lichtblitze und das Ohrensausen sind zweifelsohne durch Erregungen der betreffenden Sinnesnerven durch Stromschleifen bedingt. Die Umstände, von welchen die, wie erwähnt, mitunter vorkommende lange Andauer der Geschmacksempfindung abhängt, sind zur Zeit unbekannt. Der Schwindel sowie die übrigen sub 7) erwähnten Erscheinungen verdanken ihre Entstehung wahrscheinlich einer Beeinflussung vasomotorischer Apparate im Hals- und verlängerten Marke durch Stromschleifen. Ein- und Ausschleichen mit dem Strome verhindert das Auftreten oder verringert wenigstens die Intensität des Schwindels, sowie der Eingenommenheit des Kopfes und des Druckes im Hinterhaupte. Zur Hervorrufung der beiden ersteren Erscheinungen ist, wie ich mich durch eine Anzahl von Versuchen überzeugt habe, die Anwesenheit eines bestimmten Poles in der Nähe des Schädels nicht erforderlich; in den Fällen, in welchen sie überhaupt sich produciren lassen, werden sie durch Application des positiven wie des negativen Poles an die Halswirbelsäule herbeigeführt. Sie gehören im Ganzen bei Anwendung der oben erwähnten Stromstärken zu den selteneren Erscheinungen; bei dazu beson-

ders disponirten Personen treten sie jedoch schon bei Anwendung sehr geringfügiger Stromintensitäten auf.

8a. **Aenderungen in der Temperatur der Arme und der Mundhöhle.**

Leyden[53]) erwähnt, dass directe Application der Elektroden an die Halswirbelsäule wenn auch nicht constant, so doch sehr gewöhnlich eine Steigerung der Temperatur in dem Arme einer oder beider Seiten um $1/_2 - 1^0$ bewirke. Meine Beobachtungen stimmen hiemit nicht ganz überein. Ich stellte eine grosse Anzahl von Versuchen (an Gesunden und Neurasthenischen vorzugsweise) an, um über die Einwirkung der Galvanisation des Halsmarkes auf die Temperatur der Arme sowie in der Mundhöhle Näheres zu ermitteln; die Versuche wurden alle in gleicher Weise und mit den nöthigen Cautelen vorgenommen. Die Versuchsperson sass, am Oberkörper entkleidet und ruhig, an der gleichen Stelle des Zimmers von dem Momente angefangen, in welchem das Thermometer mit der Hand in Berührung gebracht, respective in die Mundhöhle eingeführt wurde, bis zur Entfernung des Thermometers. Die Galvanisation wurde in der Weise vorgenommen, dass ein Pol über die Halswirbel, der andere zwischen die Scapulae zu stehen kam. Als beweisend wurden nur solche Versuche erachtet, in welchen vor Beginn der Galvanisation bereits während einiger Zeit ein weiteres Steigen des Thermometers nicht mehr constatirt wurde. Hiebei stellte sich heraus, dass in vielen Fällen die Galvanisation des Halsmarkes mit Strömen bis 35^0 einen merklichen Einfluss auf die Temperatur der Arme nicht äusserte; wo ein solcher sich geltend machte, handelte es sich meist nur um Steigerungen von $1/_{10} - 4/_{10}{}^0$; nur in einem einzigen Falle konnte ich eine Steigerung von $8/_{10}{}^0$ C. beobachten (Fall von chronische Myclitis). Ein Sinken der Temperatur der Arme liess sich dagegen nie constatiren. Anders verhält es sich mit der Temperatur in der Mundhöhle. In vielen Fällen liess sich auch hier eine nennenswerthe Schwankung nicht wahrnehmen. Dagegen ergab sich in einer Anzahl von Versuchen ein **deutliches Sinken der Temperatur** während der Galvanisation. Die Stromrichtung, bei welcher das Sinken eintrat, war mit Ausnahme eines Falles die aufsteigende (— Pol an der Halswirbelsäule). Das Sinken begann hiebei alsbald nach der Anlegung der Elektroden und hielt während der Dauer der Galvanisation an. Das Maximum des Temperaturabfalles betrug $6/_{10}{}^0$. Gewöhnlich begann unmittelbar nach der Oeffnung des Stromes die Tempratur wieder zu steigen, um in einigen Minuten ihr früheres Niveau völlig oder nahezu zu erreichen. Ich war jedoch nicht im Stande, bei völlig gleicher Versuchsanordnung, selbst bei der gleichen Versuchsperson die Herabsetzung der Mundhöhlentemperatur constant herbeizuführen. In manchen Versuchen und zwar bei verschiedenen Stromrichtungen trat eine

Steigerung der Temperatur ein, diese betrug jedoch nie über $^2/_{10}°$ C. Bei so geringfügigen Erhöhungen ist es jedoch im einzelnen Falle immer fraglich, ob es sich um eine Wirkung der Galvanisation handelt. Derartige Steigerungen können noch innerhalb der Breite physiologischer Schwankungen vorkommen. Zur Illustrirung des Angeführten will ich hier einige Versuche mittheilen:

1) Kräftiger Mann von 23 Jahren (Neurasthenia cerebralis).
Temperatur in der Hand nach 16 Minuten: 36,9° C.
nach 8 Minuten langer Galvanisation
+ Pol Nacken
− Pol zwischen Scapulae } 37,2
Nadelausschlag: 30°
nach weiteren 2 Minuten Galvanisation: 37,2.
4 Minuten nach der Stromöffnung: 36,9.

2) Derselbe Mann.*)
Temperatur in der Hand nach 20 Minuten: 33,0° C.
nach 8 Minuten langer Galvanisation
− Pol Nacken
+ Pol zwischen Scapulae } 34,1
Nadelausschlag: 33°
nach 12 Minuten langer Galvanisation: 35,1
5 Minuten nach der Stromöffnung: 35,6.

3) Mann in den 50er Jahren (Neurastheniker)
Temperatur in der Hand nach 20 Minuten: 35,6
nach 6 Minuten langer Galvanisation
− Pol Nacken
+ Pol Scapulae } 36,0
Nadelausschlag: 25°
3 Minuten nach der Stromöffnung: 36,1.

4) Kräftiger Mann von 27 Jahren (Neurastheniker)
Temperatur in der Mundhöhle nach 15 Minuten: 37,3 C.
nach 7 Minuten langer Galvanisation
− Pol Nacken
+ Pol Scapulae } 36,9
Nadelablenkung: 35°
5 Minuten nach der Stromöffnung 37,3.

5) Weibliche Person von 42 Jahren, Allgemeine Neurasthenia,
Temperatur in der Mundhöhle nach 20 Minuten: 37,8°
nach 7 Minuten langer Galvanisation
− Pol Nacken
+ Pol Scapulae
18 Stöhrer'sche Elemente } 37,3
(nicht sehr kräftig wirkend)
4 Minuten nach der Stromöffnung: 37,6.

---

*) Dieser Versuch ermangelt meines Erachtens jeglicher Beweiskraft bezüglich der Einwirkung der Galvanisation des Rückens auf die Temperatur der Arme. Ich führe denselben nur desshalb an, weil er zeigt, welch verschiedene Zeiträume zur Messung der Temperatur peripherer Theile erforderlich sein können, und wie Nichtbeachtung dieses Umstandes zu Täuschungen führen mag.

6) Mann von 23 Jahren
Temperatur in der Mundhöhle nach 20 Minuten: 37,6
nach 8 Minuten Galvanisation
— Pol Nacken ⎫
+ Pol Scapulae ⎬ 37,3
Nadelablenkung: 33° ⎭
7 Minuten nach der Stromöffnung 37, 1—2.

Dass die im Vorstehenden erwähnten Temperaturänderungen auf einer Beeinflussung der im Hals- und oberen Brustmarke befindlichen vasomotorischen Apparate durch den constanten Strom beruhen, ist eine naheliegende Annahme. Auf eingehendere Erklärungsversuche dürfte den in Rede stehenden Beobachtungen gegenüber zur Zeit noch zu verzichten sein*).

8 b. Einwirkungen auf die Circulationsvorgänge in der Retina. Nach den vorläufigen Ergebnissen einer von Herrn Stabsarzt Dr. Seggel mit mir unternommenen Versuchsreihe bewirkt Application des negativen Poles an die Halswirbelsäule beim Menschen regelmässig eine Verengerung der Retinaarterien, während Application des positiven Poles im Allgemeinen eine nennenswerthe Aenderung in der Weite der Retinagefässe nicht herbeizuführen scheint.**)

8 c. Auch die Circulationsverhältnisse im Uterus werden durch die Galvanisation des Rückens beeinflusst; indess tritt diese Wirkung in der Regel erst nach mehreren Sitzungen hervor. Eine Ausnahme bildet in dieser Beziehung eine Beobachtung Hiffelheims [60]). Dieser Autor sah während der Application eines constanten Stromes an den Rücken (vermittelst einer Kette seiner bekannten, wenig wirksamen Elemente) wiederholt Metrorrhagieen bei einer Dame eintreten und nach Entfernung der Kette cessiren. Von Benedict wurden in einem Falle wiederholt Mastdarmblutungen als Folgen der Galvanisation des Rückens beobachtet.

Den Uebergang zu den folgenden Wirkungen bildet:

9) Schlafneigung oder allgemeine Müdigkeit. Diese Wirkung ist nichts der Rückengalvanisation speciell Angehöriges. Sie wird öfters bei Anwendung des constanten Stromes an den verschiedensten Körpertheilen beobachtet — ich sah dieselbe z. B. sehr deutlich bei Galvanisation der Fussgelenke auftreten — und scheint auf reflectorischer Beeinflussung der Circulationsvorgänge im Innern der Schädelhöhle zu beruhen. — An die im Vorhergehenden angeführten reiht sich eine Anzahl weiterer

---

*) Vergl. hiezu Przewoski, Ueber den Einfluss des inducirten und galvanischen Stromes auf vasomotorische Nerven. Diss. Greifswald, 1876.

*) Ueber die betreffenden Versuche wird an anderem Orte ausführlicher berichtet werden. Rieger und von Forster [59]) erhielten bei faradischer Reizung des Rückenmarkes an verschiedenen Punkten Erweiterung, einmal dagegen Verengerung der Retinagefässe; beim Frosche ergab sich Verlangsamung bis zu nahezu völligem Stillstande des Blutstromes in der Hyaloidea.

Wirkungen an, deren Eintritt von der Anwendung bedeutenderer Stromstärken als die oben erwähnten oder von dem Vorhandensein bestimmter pathologischer Zustände abhängt.

10) Excentrische Sensationen. Von Flies[61]) und Rosenthal[62]) wurde während der Galvanisation des Rückens mit Strömen auf- und absteigender Richtung bei verschiedenen Krankheitszuständen das Auftreten excentrischer Sensationen in den Extremitäten, von Möbius am Rumpfe, von mir in den Extremitäten und in einem Falle am Rumpfe beobachtet. Dass sich bei Anwendung bedeutender Ströme und Application des — Poles an die Lendenwirbel auch bei Gesunden excentrische Sensationen in den Unterextremitäten hervorrufen lassen (Brenner), wurde bereits erwähnt. Auch das Auftreten solcher (Kriebeln, Schmerzen) kurze Zeit nach der Sitzung wurde beobachtet (Seeligmüller[63]), Leyden[64]), eigene Beobachtung).

11) Muskelzuckungen an den Extremitäten, Steigerung choreatischer Bewegungen während der Galvanisation des Rückens wurden von Flies[65]) und Legros und Onimus[66]) und mir beobachtet. Der Eintritt der hier in Betracht kommenden Bewegungen war meines Erachtens durch die Einwirkung des constanten Stromes auf Rückenmarkspartieen oder spinale Wurzeln, die sich in einem abnormen Reizzustande befanden, bedingt. Von diesen Bewegungen müssen wir diejenigen unterscheiden, welche hie und da bei elektrischer Reizung einzelner Stellen der Wirbelsäule auftreten und offenbar reflectorischer Natur, i. e. durch Reizung von Haut- oder Wirbelnerven bedingt sind; letzteren Reflexbewegungen gehören auch manche der Remak'schen diplegischen Contractionen an (Brown-Sequard[67]), Benedict[68]), Rosenthal[69]), Meyer[70]), eigene Beobachtungen bei Tabes und Neurasthenia spinalis).

12) Lösung von Muskel-Contracturen (jüngeren Datums), ferner Erschlaffung von Muskeln in Fällen von Tetanus und Katalepsie (Legros und Onimus, Bärwinkel, Leyden, Fieber, Holst). Bezüglich der Deutung dieser Wirkungen muss ich auf Seite 61 verweisen.

13) Veränderungen der Pupillenweite und zwar Verengerung der erweiterten sowohl als der normalen Pupille (letzterer weniger) während der Sitzung wurden von Arndt[71]) beobachtet. Die Verengerung trat insbesonders bei Schliessung und Oeffnung des Stromes auf, aber auch während der Stromdauer blieb die Pupille enger als vorher. (Stromrichtung absteigend). Arndt bezog die Erweiterung der Pupille in dem betreffenden Falle auf einen Reizzustand des Halsmarkes und obersten Theiles des Dorsalmarkes, „welche das Centrum ciliospinale bergen." Die Verminderung des Reizzustandes dieses Centrums durch Versetzung desselben in Anelektrotonus (absteigender Strom) soll sich durch Schliess- und Oeffnungszuckung etc. dokumen-

tiren, weil momentan der Nervus oculomotorius das natürliche Uebergewicht über die Nerven des Dilatator bekommt. Nach den neueren physiologischen Erfahrungen ist diese Auffassung wohl dahin zu modificiren, dass die Versetzung der im Rückenmarke entspringenden Nerven für den Dilatator pupillae (dessen Existenz vorläufig wieder gesichert erscheint [72]) in den Anelektrotonus die Veränderungen der Pupillenweite herbeiführt.

14) Modification der Reflexerregbarkeit und zwar Steigerung sowohl als Herabsetzung derselben wurde bei Rückenmarkskranken während der Galvanisation des Rückens constatirt. (Legros und Onimus, Leyden, eigene Beobachtung; siehe hierüber oben).

15) Zunahme der galvanischen Erregbarkeit der Oberschenkel- und Vorderarmmuskeln während der Galvanisation des Rückens wurde von Leyden [73]) (Rabow) in mehreren Fällen constatirt. Leyden scheint diese Wirkung als Folge einer Einwirkung des constanten Stromes auf das Rückenmark zu betrachten, welche Auffassung meines Erachtens auf einer Täuschung beruht. In den Leyden-Rabow'schen Versuchen wurden ziemlich beträchtliche Ströme durch längere Zeit (10—12 Minuten) angewendet. Hiebei müssen Stromschleifen auch in die oberen und unteren Extremitäten gelangen, deren Stärke nach den Beobachtungen von Onimus eine nicht ganz geringfügige ist. Onimus [74]) stach bei mit Anaesthesie behafteten Frauen Platinnadeln, welche mit einem Galvanometer in Verbindung standen, in den Vorderarm ein, und beobachtete eine deutliche Nadelablenkung bei Application constanter Ströme an die obere Partie des Halses und selbst an die Schulter der gegenüberliegenden Seite. Dass diese Stromschleifen unter Umständen eine Steigerung der Erregbarkeit der Muskeln vortäuschen können, unterliegt wohl keinem Zweifel. Diese Deutung der Leyden-Rabow'schen Beobachtungen scheint mir durch mehrere Thatsachen noch weiter gewährleistet. Schiel [73]) fand die Kraftleistung des Armes (gemessen durch den Burq'schen Druckdynamometer) während eines ziemlich kräftigen Rückenstromes vom Nacken zum Kreuzbein unverändert; auch das Verhalten der motorischen Nerven der Extremitäten gegen den Inductionsstrom schien ihm während der Polarisation des Rückenmarkes — von einigen unsicheren Differenzen abgesehen — keine Veränderung zu erleiden. Ich konnte ebenfalls einen Einfluss der Rückengalvanisation auf die elektrische Erregbarkeit der Extremitätennerven (geprüft mit beiden Stromesarten vorzugsweise am N. medianus am Oberarm und am N. peroneus) nicht constatiren. Auch die faradocutane Sensibilität der Extremitäten zeigt nach meinen — mit denen Schiel's übereinstimmenden — Beobachtungen während der Galvanisation des Rückens keine Modification.

16) Verschiedene therapeutische Wirkungen (abgesehen

von den bereits erwähnten): Verringerung oder Beseitigung excentrischer Sensationen (Parästhesieen und Schmerzen), bei Lähmungszuständen Zunahme der motorischen Kraft. Bezüglich der Deutung dieser Erfolge verweise ich auf den folgenden Abschnitt. Hieher gehört ferner die sogenannte erfrischende Wirkung der Rückengalvanisation. Diese besteht im Wesentlichen in Beseitigung oder Verringerung des Gefühls von Schwäche und Müdigkeit im Rücken und in den Extremitäten, welches sich bei so vielen spinalen Leiden findet. Man bezieht letzteren Erfolg auf die zuerst von Heidenhain [76]) für den ermüdeten Muskel nachgewiesene erfrischende, i. e. Erregbarkeit modificirende Wirkung des constanten Stromes. Ich halte es jedoch für fraglich, ob dieselben lediglich auf eine Modification der Erregbarkeitsverhältnisse und nicht auch auf vasomotorische und noch andere Wirkungen des Stromes zurückzuführen ist. Die hier genannten therapeutischen Wirkungen haben das Gemeinsame, dass sie sich selbst bei anscheinend gleich gelagerten Fällen nichts weniger als constant hervorrufen lassen und dass sie anfänglich (d. h. während der ersten Sitzungen) wenigstens gewöhnlich vorübergehender Natur sind. Wo sie sich überhaupt fixiren, geschieht es meist erst nach öfterer Wiederkehr derselben oder wenigstens nach öfterer Vornahme der Galvanisation des Rückens.

17) Verschiedene unangenehme Nach- und Nebenwirkungen. Wir finden hierüber in der Literatur nur spärliche Mittheilungen, obwohl derartige Vorkommnisse sicherlich nicht allzu selten sich ereignen. Ich habe in zwei Fällen nach der Galvanisation des Rückens bei Application der einen Elektrode an die Halswirbelsäule länger (mehrere Stunden) anhaltende Eingenommenheit des Kopfes beobachtet, ohne dass übermässige Ströme angewendet worden wären. In dem einen dieser Fälle trat diese Erscheinung in Begleitung von lebhafter und sehr lästiger Carotidenpulsation regelmässig bei Application einer Elektrode an den Nacken ein. In einem Falle (Neurasthenia) traten kurze Zeit nach der Sitzung heftige excentrische Schmerzen in den Beinen (s. oben), wahrscheinlich durch Anwendung eines zu starken Stromes veranlasst, auf; in einem anderen Falle (Rückenmarkserschütterung durch Fall) in welchem jedoch nur mässige Ströme angewendet worden waren, stellten sich alsbald nach der Sitzung Schmerzen in einem Beine ein, später für kurze Zeit gefolgt von einem Gefühle lähmungsartiger Schwäche. Auch Richter[77]) beobachtete in einem Falle (wahrscheinlich Myelitis chronica) das Auftreten stärkerer Schmerzen nach Anwendung beträchtlicherer Ströme. Ein jedenfalls sehr seltenes Vorkommniss ist dagegen, was Legros und Onimus[78]) von der Einwirkung verschiedener Stromrichtungen in einem Falle berichten. Diese Autoren wandten bei einem Tabetiker, welcher an sehr heftigen lancinirenden Schmerzen in den Unterextremitäten litt, aufstei-

gende Ströme (30 El.) an. Die Schmerzen verschwanden nach der ersten Sitzung, aber bedeutende allgemeine Aufregung trat an deren Stelle auf. Sie entschlossen sich desshalb zur Anwendung absteigender Ströme; hierauf kehrten die Schmerzen in den Beinen in grosser Heftigkeit wieder, während die Aufregung ausblieb. Diese verschiedenen Wirkungen traten nach jeder Anwendung der einen oder anderen Stromrichtung ein.

Secundäre Wirkungen der Galvanisation des Rückens.

Der Annahme secundärer Wirkungen der Rückengalvanisation liegt im Wesentlichen die Thatsache zu Grunde, dass man bei einer Reihe von Erkrankungen des Nervensystems und zwar insbesonders des Rückenmarkes und seiner Häute während der Anwendung der Rückengalvanisation Besserung und selbst Beseitigung krankhafter Erscheinungen (Funktionsstörungen) beobachtet. Eine genauere Präcisirung der hier in Betracht kommenden Wirkungen ist z. Z. aus mehrfachen Gründen unmöglich. Die Erkrankungen des Nervensystems, bei welchen von der Galvanisation des Rückens Gebrauch gemacht wird, sind ausserordentlich zahlreich; bei sehr vielen ist uns die zu Grunde liegende Aenderung in den anatomisch-physiologischen Verhältnissen nur sehr ungenügend bekannt; bei nicht wenigen ermangeln wir sogar jeder näheren Kenntniss über den Sitz und die Art der vorhandenen Abweichung von der Norm. Schon bei denjenigen Erkrankungen, deren pathologisch-anatomisches Substrat uns relativ bekannt ist, entbehren wir eines tieferen Einblicks in die Vorgänge, welche die Galvanisation des Rückens in den erkrankten Theilen erregt; noch verschleierter ist uns natürlich die Kette von Actionen und Reactionen, welche bei der anderen Gruppe von Erkrankungen durch die Galvanisation des Rückens herbeigeführt wird. Diese Sachlage involvirt eine gewisse Begrenzung unseres Themas. Wir können natürlich nicht daran denken, die Wirkungen der Galvanisation des Rückens bei jeder einzelnen Krankheitsform, in welcher dieselbe angewandt wurde, feststellen zu wollen. Wir müssen uns damit begnügen, kurze Revue über die Leistungen dieser Procedur bei denjenigen Erkrankungen zu halten, bei welchen von derselben bisher in ausgedehnterem Masse Gebrauch gemacht wurde, also die Beurtheilung auf ausreichendes Erfahrungsmaterial sich stützen kann. Nachdem wir solchergestalt einen Ueberblick über das bezüglich der secundären Wirkungen empirisch Festgestellte gewonnen haben, können wir zusehen, in wie weit dieses augenblicklich einer Erklärung zugänglich sich erweist.

Die Galvanisation des Rückens wurde bisher angewendet:
1) bei Erkrankungen des Rückenmarkes, der Rückenmarkshäute und Nervenwurzeln,
2) bei gewissen Erkrankungen des Gehirns und der Gehirnhäute,
3) bei verschiedenen centralen Neurosen: Hysterie, Chorea, Paralysis agitans etc.

Unter den Erkrankungen des Rückenmarkes, bei welchen die Galvanisation des Rückens Erfolge aufzuweisen hat, stehen in erster Linie diejenigen Störungen, die man in neuerer Zeit unter der Bezeichnung Neurasthenia zusammenfasst. Es ist hier nicht der Platz, auf die Manigfalt der Symptome dieses proteusartigen Leidens einzugehen. So viel kann ich auf Grund eigener ziemlich umfänglicher Erfahrungen behaupten, dass consequente Anwendung der Galvanisation des Rückens sich in jedem dieser Fälle wenigstens nützlich erweist. In vielen derselben von nicht zu langem Bestande wird sogar eine der Heilung sich nähernde Besserung erzielt. Auch bei den chronischen entzündlichen Affectionen der Rückenmarkshäute, bei den Folgezuständen spinaler Blutungen, ferner bei Rückenmarkserschütterungen — und zwar bei den acuten durch Fall, Stoss, Eisenbahnunfälle etc. bewirkten, wie bei den chronischen, die bei Ausübung gewisser Berufe, (wie z. B. dem der Eisenbahnconducteure) unvermeidlich sind, werden günstige Resultate erzielt. Doch kommen hier die therapeutischen Erfolge nach meinen eigenen Erfahrungen und dem mir sonst Bekanntgewordenen den bei der Neurasthenia beobachteten keineswegs gleich. Die Erfolge treten zögernder ein und selbst bei andauernder Behandlung lässt sich oft nur eine partielle Besserung (oft auch diese nicht) erzielen. Je mehr der Krankheitsprocess auf die Substanz des Rückenmarkes übergreift und in dieser sich ausbreitet, also bei den verschiedenen Formen subacuter und chronischer Myelitis, um so weniger sicher kann man im Allgemeinen auf befriedigende Resultate rechnen. Es scheinen indess einzelne Formen der Myelitis günstigere Objecte der hier in Rede stehenden Therapie zu bilden als andere. So erweist sich nach den bisherigen Erfahrungen die multiple Sklerose der Behandlung überhaupt und hiemit auch der Rückengalvanisation gegenüber äusserst renitent, während bei der grauen Degeneration der Hinterstränge und bei der einfachen Myelitis transversa selbst in ziemlich fortgeschrittenen Fällen nicht selten noch günstige Erfolge i. e. Besserung oder Beseitigung der vorhandenen Functionstörungen erzielt werden. Auch bei der Poliomyelitis chronica anterior infantum leistet nach den Versicherungen verschiedener Elektrotherapeuten (Erb[79]), Legros und Onimus[80]) u. A.) die Galvanisation des Rückens Erspriessliches. Das Gleiche gilt für die von Erb als „Mittelform der chronischen Poliomyelitis" beschriebenen Krankheitsform (Erb, eigene Beobachtungen). Dagegen scheint mir die gewöhnliche Poliomyelitis chronica anterior Erwachsener nicht zu denjenigen Myelitisformen zu gehören, bei welchen von der Galvanisation des Rückens Bedeutendes zu erwarten ist. Wenigstens war ich nicht in der Lage, in den Fällen, welche ich von dieser Krankheitsform zu behandeln bisher Gelegenheit hatte, hiedurch einen merklichen Erfolg zu erzielen.*) Auch bei der progressiven Muskelatrophie darf man sich nach den bisherigen Erfahrungen von der Galvanisation des Rückens nicht sehr viel versprechen**). Dagegen scheint wieder bei der als spastische spinale Paralyse (Tabes spasmodique der Franzosen) bezeichneten Form chronischer Myelitis die Galvanisation am Rücken mit entschiedenem Nutzen angewendet zu werden. Mir gelang es in einem Falle von zweijähriger Erkrankung noch eine Besserung der Lähmungs- und Contracturerscheinungen an den Unterextremitäten herbeizuführen. Auch bei den Lähmungen nach acuten Erkrankungen, die zum Theil ebenfalls auf myelitischen Veränderungen beruhen, hat sich die Galvanisation des Rückens oft erfolgreich erwiesen. (Leyden[81]), Mossdorf[82]) Erdmann[83]), eigene Beobachtung).

Bei den einzelnen Myelitisformen steht zwar im Allgemeinen der therapeutische Effect der Rückengalvanisation im umgekehrten Verhältnisse zu dem Alter und der Ausbreitung der anatomischen Läsion. Diese Regel erleidet jedoch viele Ausnahmen. Es gibt Fälle, die von Anbeginn an, aller Therapie zum Trotz, unaufhaltsam zum Schlechteren fortschreiten. Und nicht blos diess; von den verschiedenen Symptomen der zahlreichen Myelitisformen erweisen sich einzelne der Rückengalvanisation viel zugänglicher als andere. Zu ersteren zählen nach meinen Erfahrungen, welche mit denen von Legros und Onimus übereinstimmen, vor Allem Lähmungen und Schwächezustände der Blase und des Mastdarmes. Es ist mir in mehreren Fällen gelungen, Blasenlähmungen von längerem (Wochen und Monate langem) Bestande in einigen Sitzungen zu beseitigen, während eine Besserung der übrigen Symptome nur sehr langsam sich einstellte. Ich beobachtete sogar in einem Falle von Hinterstrangssklerose nahezu völlige Beseitigung einer hochgradigen Blasenschwäche, während zu gleicher Zeit die vorhandene Ataxie eine Steigerung erfuhr.

Bei Neuralgieen im Bereiche der spinalen Nerven (speziell

---

*) Erb dagegen scheint auch bei dieser Myelitisform von der Galvanisation des Rückens Günstiges gesehen zu haben. (S. dessen Handbuch der Elektrotherapie S. 387.)

**) Der Misserfolg der Galvanisation des Rückens bei der progressiven Muskelatrophie ist zum Theil wohl in dem Umstande begründet, dass nach vorliegenden Beobachtungen eben nur in einem Theile der Fälle der Ausgangspunkt der Erkrankung in der Cinera des Rückenmarkes gegeben ist.

bei den sogenannten Wurzelneuralgieen) erzielt die Galvanisation des Rückenmarkes nicht selten glänzende Erfolge. Dieselbe erweist sich auch bei der als Asphyxie locale des extrémités von Raynaud[84]) zuerst beschriebenen Erkrankung von Nutzen. In den therapeutischen Rayon der Galvanisation des Rückens fallen ferner verschiedene Gehirnerkrankungen und zwar insbesondere jene, bei welchen Störungen der psychischen Sphäre vorherrschen — Geisteskrankheiten. Von Benedict[85]) wurde, soweit ersichtlich, zuerst und zwar mit auffallend günstigem Erfolge von der Galvanisation des Rückens bei Geisteskranken Gebrauch gemacht. Er schreibt besonders der Galvanisation der Halswirbelsäule einen günstigen Einfluss auf manche Fälle von Psychosen zu und glaubt diesen Einfluss darin begründet, dass entweder ein im Halsmarke gelegenes wichtiges Centrum für die Circulation im Gehirne oder ein solches an der Schädelbasis befindliches Centrum vom Strome getroffen werde. Arndt[86]) machte von der Voraussetzung ausgehend, dass die meisten Psychosen von einem Leiden des Rückenmarkes, respective der medulla oblongata eingeleitet wurden, und die Veränderungen im Gehirne nur Folgen dieser Erkrankung seien, von der Galvanisation des Rückens bei Geistesstörungen ausgedehnten Gebrauch und empfiehlt das Verfahren nachdrücklichst. Ueber günstige Resultate der Rückengalvanisation bei beginnender progressiver Paralyse berichten Hitzig[87]) und Schüle[88]); letzterer empfiehlt das Verfahren auch bei anderen Psychosen. Eigene Erfahrungen über die Leistungsfähigkeit der Galvanisation des Rückens bei Psychosen besitze ich nicht. Ich muss jedoch bemerken, dass ich von der Galvanisation längs durch den Kopf in verschiedenen Fällen von Geistesstörung z. Th. mit unzweifelhaftem Nutzen Gebrauch gemacht habe. Bei dieser Procedur (ein Pol Stirn, ein Pol Nacken) wird das Halsmark jedenfalls vom Strome getroffen, und es lässt sich der erzielte Erfolg z. Th. auf die Beeinflussung dieser Markpartie zurückführen. Ich habe ferner in einer Anzahl von Fällen von Neurasthenia des Gehirns und Rückenmarkes mich ausschliesslich der Galvanisation des Rückens bedient und hiedurch Beseitigung der cerebralen Störungen (chronische Eingenommenheit des Kopfes, Kopfschmerz, Verstimmung, verringerte geistige Leistungsfähigkeit etc.) erzielt. Es unterliegt daher auch für mich durchaus keinem Zweifel, dass wir durch die Galvanisation des Rückens auf verschiedene Erkrankungen des Gehirns günstig einzuwirken vermögen[89]). Unter den centralen Neurosen erweist sich die Chorea als das günstigste Object der Rückengalvanisation. Benedict[90]), Fieber[91]), Legros und Onimus[92]) und Leube[93]) sahen von derselben sehr befriedigende Resultate. Rosenthal[94]) empfiehlt dieselbe in Verbindung mit peripherer Galvanisation. Ich habe von der Galvanisation des Rückens in vier Fällen entschiedenen

Erfolg wahrgenommen. Bei Tremor und Paralysis agitans (bei letzterer Erkrankung insbesonders in Fällen jüngeren Datum's) soll nach den Angaben mehrerer Beobachter (Rosenthal[95]), Fieber[96]), Legros und Onimus[97]) die Galvanisation des Rückens wenigstens in einzelnen Fällen Besserung (jedoch keine Heilung) herbeiführen. Bei Epilepsie übt die Galvanisation des Rückens nach Allem mir Bekanntgewordenen keine curative Wirkung. Dagegen gelingt es in einzelnen Fällen durch Galvanisirung des Halsmarkes drohende Anfälle zu coupiren oder Anfallsserien abzukürzen (Beobachtung Herrn Ob.-M-R. v. Ziemssen's, mir durch mündliche Mittheilungen bekannt). Bei Tetanus lässt sich, wie der Fall von Legros und Onimus zeigt, wenigstens eine vorübergehende Erschlaffung der Muskulatur durch die hier in Rede stehende Procedur herbeiführen.

Erklärung der therapeutischen Wirkungen der Galvanisation des Rückens bei spinalen Erkrankungen.

Die therapeutischen Erfolge, welche die Galvanisation des Rückens bei spinalen Erkrankungen erzielt, hat man bisher fast allgemein ausschliesslich auf directe Einwirkung des Stromes auf das Rückenmark, die Rückenmarkshäute und die Nervenwurzeln bezogen. Diese Auffassung findet sich schon bei Remak sen.[98]) R. glaubte, das Eindringen des Stromes in den Spinalkanal, wie bereits erwähnt wurde, nicht bezweifeln zu dürfen, und bezog die therapeutischen Erfolge des constanten Stromes bei Rückenmarkserkrankungen z. Th. auf katalytische Einwirkungen desselben auf Gefässe und Bindegewebe, z. Th. auf dessen feinere antiparalytische und antispastische Wirkungen auf Nervenfasern und Ganglienzellen. Nach von Krafft-Ebing[99]) ist der Heilerfolg der Rückengalvanisation bei tabetischen Processen jedenfalls nicht auf die Erregbarkeit modificirenden, sondern wesentlich auf die katalytischen Wirkungen des Stromes zu beziehen, die im gegebenen Falle in Beseitigung exsudativer Vorgänge in der Neuroglia und etwaiger Hyperämie spinaler Gefässe bestehen sollen. Auch Legros und Onimus[100]) führen die Erfolge der Rückengalvanisation wesentlich auf die Einwirkung auf die Gefässe und die feineren Ernährungsvorgänge im Nervengewebe zurück. „Les courants continus agissent incontestablement sur la circulation intra-vertébrale. Grâce à cette influence et de plus à leur action chimique qui provoque plus directement la nutrition intime des éléments électrisés, ils peuvent empêcher la destruction lente des éléments nerveux". Leyden[101]) zieht die erregbarkeitmodificirenden, erfrischenden und die vasomotorischen (katalytischen) Wirkungen des constanten Stromes zur Erklärung der therapeutischen Leistungen desselben bei spinalen Erkrankungen heran. Erdmann[102]) dagegen will letztere nur aus den katalytischen Wirkungen Remak's ableiten. Erb[103]), der diese Frage zuletzt besprach, führt die Leistungen elektrischer Ströme bei Rückenmarkskrankheiten auf deren katalytische, erregende und modificirende Eigenschaften zurück. Auch der Umstand, dass man gegenwärtig auf eine möglichst intensive Durchströmung des Rückenmarkes allseitig Gewicht legt, zeugt zur Genüge dafür, dass man an eine andere als eine directe Wirkung des elektrischen Stromes auf das Rückenmark, (beziehungsweise dessen Blutgefässe etc.) nicht denkt.*)

Ich bin nicht in der Lage, mich der zur Zeit herrschenden Ansicht anzuschliessen. Die therapeutischen Leistungen der Galvanisation des Rückens sind nach meinem Dafürhalten abzuleiten:

1) Von Einwirkungen des constanten Stromes auf die das Rückenmark umhüllenden Weichtheile und Knochenmassen;

2) Von directen Einwirkungen des Stromes auf das Rückenmark selbst.

I. Der am Rücken applicirte constante Strom muss, bevor er in das Innere des Spinalcanales eindringt, die aus Muskelmassen und Knochen bestehende Umhüllung des Rückenmarkes durchsetzen. Dass er hiebei auch auf die Circulations- und Ernährungsvorgänge in diesen Theilen einen Einfluss ausübt, unterliegt wohl keinem Zweifel. Die Ernährung dieser Theile steht aber in mannigfachen Wechselbeziehungen zu der des Rückenmarkes. Das Rückenmark (beziehungsweise die Rückenmarkspia) bezieht seine Blutzufuhr in erster Linie aus den Vertebralarterien, in zweiter Linie vorzugsweise aus den Intercostalarterien; Zweige dieser Arterien versorgen auch die Weichtheile des Rückens und die Wirbelknochen. Die Venen, in welchen das Blut aus dem Rückenmarke abgeführt wird, münden in die plexus spinales externi ein, welche in dem Fettgewebe zwischen Dura und Wirbelperiost liegen, und diese anastomosiren mit den plexus spinales externi, welche das Blut aus den Rückenmuskeln und der Haut abführen. Die Lymphbahnen, welche an die Gefässe sich anschliessend, in das Rückenmark eindringen, stehen nach den Untersuchungen von Key und Retzius in Verbindung mit dem Subarachnoidealraum und dieser steht wiederum mit den Lymphräumen in Zusammenhang, welche in den Scheiden der Nervenwurzeln und peripheren Nerven enthalten sind. Es stehen also, wie wir sehen, die Gefässe des Rückenmarkes und der Rückenmarkshäute mit den Gefässen der Weichtheile des Rückens und der Wirbelknochen in Verbindung.

---

*) Eine Ausnahme in dieser Beziehung bildet die locale galvanische Behandlung schmerzhafter Druckpunkte an der Wirbelsäule. Hiebei wird z. Th. eine indirecte, reflectorische Einwirkung auf das Rückenmark intendirt.

Dieser Umstand macht es schon a priori wahrscheinlich, dass eine Modification der Ernährungsvorgänge in den äusseren Theilen auch einen Einfluss auf die nutritiven Verhältnisse im Innern des Spinalcanales ausübt. Für diese Auffassung lassen sich eine Reihe von Argumenten aus der klinischen Erfahrung beibringen. Wir sind im Stande durch verschiedene therapeutische Agentien, welche wir auf die Weichtheile des Rückens und zwar speciell längs der Wirbelsäule einwirken lassen, Ernährungsstörungen an den Rückenmarkshäuten und im Rückenmarke selbst wenigstens in vielen Fällen zu beeinflussen. In dieser Weise sind bei acuten und chronischen Rückenmarkserkrankungen wirksam: die Kälte, Blutentziehungen, Vesicantien, Moxen und Cauterisation mit dem Glüheisen längs der Wirbelsäule, zum Theil auch Rückendouchen und Sinapismen. Die erstgenannten dieser Agentien wirken sämmtlich nur dadurch auf das Rückenmark, dass sie in den Circulations- und Ernährungsverhältnissen der Weichtheile am Rücken Modificationen herbeiführen und hiedurch secundär die betreffenden Verhältnisse im Innern des Wirbelcanales beeinflussen. Wir sind zwar nicht in der Lage, dem constanten Strome eine Wirkung auf die Ernährungsvorgänge in den Weichtheilen zuzuschreiben, die der irgend eines der eben genannten Agentien völlig gleicht, aber dass derselbe ähnliche Wirkungen zum Theil wenigstens hervorzubringen im Stande ist, bezeugen die hiemit erzielten Erfolge bei Muskel- und Gelenkrheumatismen. Diese Wirkungen der Rückengalvanisation kommen natürlich nur dann in Betracht, wenn einer der beiden Pole entsprechend dem Sitze der Erkrankung im Rückenmarke applicirt wird. Welcher Antheil den in Rede stehenden Leistungen des constanten Stromes an dem zu erzielenden therapeutischen Gesammteffecte im einzelnen Falle zukommt, steht vorerst dahin; ich will hier zunächst nur auf die Thatsache an sich, die meines Wissens noch von Niemand hervorgehoben worden ist, aufmerksam machen. Noch auf einem anderen indirecten Wege ist der constante Strom im Stande, auf die Er-, nährungsvorgänge im Vertebralcanale einzuwirken. Dies ist der Weg des Reflexes durch Reizung der Haut und Wirbelnerven über erkrankten Rückenmarksabschnitten. Benedict[104]) hat auf diesen Umstand zuerst hingewiesen. Die Beziehungen zwischen der Sensibilität der Haut über gewissen Wirbelabschnitten und dem Verhalten der darunter liegenden Rückenmarkspartieen (Empfindlichkeit der Haut bei entzündlichen Affectionen der Rückenmarkshäute, des Rückenmarkes und der Wirbel) legen wenigstens die Möglichkeit einer solchen Einwirkung sehr nahe.

II. Die unmittelbaren Wirkungen des constanten Stromes auf die Rückenmarkssubstanz zerfallen in zwei Gruppen: a. locale, b. centrale, vasomotorische, hervorgerufen durch Beeinflussung vasomotorischer Apparate im Hals- und verlängerten Marke.

Appliciren wir die Elektroden an zwei von einander entfernte Stellen der Wirbelsäule oder eine der Elektroden an die Vorderfläche des Körpers und die andere an die Wirbelsäule, so haben wir nicht bloss an der Applicationsstelle der Elektroden locale Wirkungen; solche sind vorhanden, soweit überhaupt das Mark von Stromschleifen von einiger Insentität durchzogen wird, also auch in gewissem Masse an den zwischen den beiden Elektroden gelegenen Markpartieen und bei Application einer Elektrode an die Vorderfläche des Körpers in der Umgebung der in der directen Stromrichtung liegenden Markpartie. Diejenigen Markabschnitte, welche unmittelbar unter den Elektroden sich befinden, werden jedenfalls von den beträchtlichsten Stromschleifen durchsetzt und müssen daher auch die intensivsten Einwirkungen erfahren. Welcher Art diese sind, in Bezug auf diese Frage, war man bisher lediglich auf Vermuthungen angewiesen, welche dahin gingen, dass der Strom Aenderungen in der Caliberweite der Gefässe, in der intraparenchymatösen Saftströmung, in den endo- und exosmotischen Vorgängen, sowie in den feinsten Ernährungs- und Umsatzvorgängen in den Bindegewebs- und Nervenelementen und hiemit in den Erregbarkeitsverhältnissen der letzteren herbeiführe. Von mancher Seite wurde auch den durch den Strom bewirkten Aenderungen in dem elektromotorischen Verhalten der Nervenelemente in therapeutischer Beziehung Gewicht beigelegt. So glaubt Althaus[105]), dass die Galvanisation des Rückens den im Rückenmarke normaliter vorhandenen Strom animaler Elektricität zu stärken, wo derselbe zu schwach, dessen Richtung zu corrigiren, wo dieselbe verkehrt ist, und hiedurch functionelle Störungen des Rückenmarkes zu beseitigen vermöge. Von Clemens[106]) wird darauf hingewiesen, dass durch am Rücken applicirte Ströme im Rückenmarke möglicherweise durch Induction Ströme erzeugt werden, die von grosser therapeutischer und physiologischer Wichtigkeit sind. Durch meine Versuche hat die bisherige Vermuthung bezüglich der localen Wirkungen des constanten Stromes auf die Blutgefässe des Rückenmarkes eine gewichtige Stütze erhalten. Wir können aus denselben jedenfalls folgern, dass sich durch den constanten Strom local die Circulations- und Ernährungsvorgänge im Rückenmarke anregen lassen. Dass sich unter Umständen auch ein Einfluss in entgegengesetzter Richtung ausüben lässt, halte ich für nicht unwahrscheinlich, wenn auch meine experimentellen Beobachtungen einer solchen Vermuthung vorerst keine Stütze bieten. Auch darüber können Zweifel nicht obwalten, dass die Galvanisation des Rückens auf die Erregbarkeitsverhältnisse der durchströmten Theile einen Einfluss auszuüben im Stande ist. Hier muss jedoch die Einwirkung auf die Nervenwurzeln von der auf die Rückenmarkssubstanz selbst auseinander gehalten werden. Wie bereits an früherer Stelle ausgeführt wurde, besitzt die Rückenmarkssubstanz wenigstens bei normalem Erregbarkeitszustande nicht die gleiche Empfindlichkeit für das elektrische Agens wie die spinalen Nervenwurzeln. Letztere werden daher leichter als die Rückenmarkssubstanz unter der Einwirkung des constanten Stromes in ihren Erregbarkeitsverhältnissen modificirt, und die gesetzten Modificationen entsprechen nach allen Erfahrungen (s. oben) völlig denen der peripheren Nerven. Man hat bisher vielfach geglaubt, das Verhalten des peripheren Nerven den polaren Einflüssen gegenüber ohne Weiteres auf die Rückenmarkssubstanz übertragen und dem entsprechend auch hier im Bereiche der Kathode Steigerung, im Bereiche der Anode Herabsetzung der Erregbarkeit annehmen zu dürfen. Ich habe bereits an anderer Stelle (S. Exp. u. krit. Unters. z. Elektother. d. Gehirns) diese Annahme für unhaltbar erklärt, und meine Auffassung hat mittlerweile in den Ergebnissen meiner oben angeführten Thierversuche und klinischen Beobachtungen eine weitere Stütze erhalten. Hier kommt jedoch nur die Frage in Betracht, ob sich die Erregbarkeit des Rückenmarkes selbst durch die Galvanisation des Rückens überhaupt beeinflussen lässt und diese Frage muss nach den vorliegenden klinischen Erfahrungen bejaht werden. Es scheint jedoch, dass nur bei gesteigerter Erregbarkeit des Rückenmarkes die in der Therapie gebräuchlichen Stromintensitäten im Stande sind, auffallende Aenderungen in den Erregbarkeitsverhältnissen des Rückenmarkes herbeizuführen.

C) Bei Application einer Elektrode an die Halswirbelsäule gesellt sich zu den localen Wirkungen auf das Halsmark die Beeinflussung der in diesem (und in der von Stromschleifen gleichfalls durchsetzten medulla oblongata) befindlichen vasomotorischen Centren. Hiedurch können die Circulationsvorgänge im gesammten Rückenmarke modificirt und zwar je nach der Application des + oder — Poles beschleunigt oder verlangsamt werden. Dass diese Modification insbesonders bei den in der Längsrichtung des Rückenmarkes sich ausbreitenden Krankheitsprocessen (den sogenannten Systemerkrankungen) von grosser Bedeutung sein müssen, ist naheliegend. Bei gewissen Applicationsmethoden vereinigen sich diese centralen vasomotorischen Wirkungen mit den localen, so z. B. wenn bei umschriebenem Krankheitssitze eine Elektrode stabil an die Halswirbelsäule, die andere über dem Krankheitssitze angebracht wird, oder wenn bei Systemerkrankungen die eine Elektrode stabil an die Halswirbelsäule, die andere labil längs der Wirbelsäule langsam verschoben wird.

Ich glaube im Vorstehenden die wichtigeren der z. Z. bekannten Momente, welche für die Erklärung der therapeutischen Wirkungen der Galvanisation des Rückens in Betracht kommen, hervorgehoben zu haben. Noch harrt aber ein belangreicher

Umstand der Erklärung. Die therapeutischen Leistungen der Galvanisation des Rückens sind nicht blos bei verschiedenen Krankheitsformen, sondern auch bei der gleichen Species von Rückenmarkserkrankungen sehr verschieden. In anscheinend gleich gelagerten Fällen werden einmal glänzende, ein anderes Mal nur mittelmässige und wieder ein anderes Mal gar keine Resultate erzielt; und in einem und demselben Falle kann, wie bereits erwähnt wurde, völlige Beseitigung oder hochgradiger Besserung einzelner Symptome erzielt werden, während andere keine Veränderung erfahren. Diese scheinbare Ungleichheit der therapeutischen Leistungen hat denn auch vielfach die Vorstellung hervorgerufen, dass man an dem constanten Strome spinalen Erkrankungen gegenüber ein sehr unzuverlässiges Mittel habe. Diese Auffassung beruht auf ganz irrigen Voraussetzungen. Man kann einem physikalischen Agens wie dem constanten Strome unmöglich Launen zuschreiben, und wenn wir in anscheinend gleichgearteten Fällen ungleiche therapeutische Effecte beobachten, so kann dies nicht daher rühren, dass die Wirkungsweise des Stromes in den einzelnen Fällen eine ungleiche ist, sondern nur daher, dass das Substrat, auf welches der Strom einwirkt, sich verschieden verhält. Die anscheinend gleichgearteten Fälle sind dann eben in der That sehr verschieden; es handelt sich in denselben um ungleichartige oder ungleich weit fortgeschrittene Processe oder um Vorgänge in von Hause aus ungleich beschaffenen Centralorganen, und wir sind nur nicht in der Lage, diese verschiedenartigen Processe u. s. w. diagnostisch genügend auseinander zu halten. In dieser Beziehung gibt namentlich der Umstand gerne Anlass zu Täuschungen, dass die Intensität der vorhandenen Funktionsstörung vielfach in keinem Verhältniss zur Art oder Intensität der anatomischen Läsion steht. Die therapeutische Leistungsfähigkeit des constanten Stromes ist aber jedenfalls eine beschränkte. Derselbe mag vorhandene Circulationsanomalieen beseitigen, die Resorption von Transsudaten, von zerfallenem und verflüssigtem Zellprotoplasma u. s. w. anregen, die Leistungsfähigkeit der nervösen Faser- und Zellgebilde durch Modificationen der Ernährungs- und Umsatzvorgänge in denselben zur Norm zurückführen, er mag sogar vielleicht dazu beitragen, dass sich aus den Ueberresten untergegangener Nervenelemente neue solche bilden.*) Allein ein Vermögen, eine Neubildung von Nervenelementen anzuregen, wo kein Material hiefür mehr vorhanden ist, oder sklerotisches Bindegewebe, das sich an die Stelle irgend einer Markpartie unter allmäliger Vernichtung der Elemente

---

*) Nach den Beobachtungen S. Mayers [107]) an peripheren Nerven und Benedicts [108]) am Rückenmarke ist die Annahme wohl berechtigt, dass auch im Rückenmarke eine Regeneration von Nervenelementen nach völligem Untergange derselben möglich ist.

dieser entwickelt hat, zu beseitigen, können wir demselben vorläufig wenigstens nicht zuschreiben. Hat der myelitische Process einmal das eben angedeutete Stadium erreicht, so erweist sich nach den derzeit vorhandenen Erfahrungen die Galvanisation des Rückens ebenso wie jede andere Form von Therapie gegen denselben machtlos. Die in der sklerotischen Partie noch vorhandenen Nervenelemente müssen nach und nach dem Untergange anheimfallen. Zu gleicher Zeit kann aber der Strom in anderen Markpartieen, in welchen die myelitische Veränderung noch nicht soweit gediehen ist, die restitutio ad integrum anbahnen. So mag es kommen, dass unter der galvanischen Behandlung einzelne Symptome keine Veränderung, oder sogar eine Verschlimmerung erfahren, während andere gebessert werden. Unter günstigen Umständen mag es selbst der Fall sein, dass die vorhandenen Störungen sich völlig oder nahezu völlig ausgleichen, obwohl die anatomische Läsion z. Th. fortbesteht; hier werden die Functionen der zu Grunde gegangenen oder leistungsunfähigen Nervenelemente von anderen übernommen. Die jüngst von Schultze [109], Fox [110] und Benedict [111] mitgetheilten Beobachtungen machen es zum Mindesten sehr wahrscheinlich, dass eine klinische Heilung bei Fortbestand beträchtlicher anatomischer Aenderungen möglich ist. In wieder anderen Fällen aber kann trotz Einwirkung des constanten Stromes die restitutio ad integrum auch an Markpartieen ausbleiben, in welchen der myelitische Process noch in den Initialstadien sich befindet. Hier handelt es sich wahrscheinlich um Individuen mit primär abnormer — angeborener oder aquirirter Constitution des Nervensystems, Individuen, deren Centralorganen das Vermögen, gesetzte Schäden auszugleichen, fehlt oder nur in sehr geringem Masse gegeben ist, bei welchen also eine geringfügige Ernährungsstörung in den Nervencentren schon den Ausgangspunct destructiver Processe bilden kann. Wie zahlreich diese Individuen unter den Rückenmarkskranken vertreten sind, zeigt die grosse Rolle, welche die Erblichkeit in der Aetiologie der Rückenmarkserkrankungen spielt. Dass da, wo die Tendenz zur Ausgleichung vorhandener Ernährungsstörungen überhaupt fehlt, auch die Einwirkung des constanten Stromes die Weiterentwicklung des Kranheitprocesses nicht zu hemmen vermag, kann uns gewiss nicht befremden.

VI. Abschnitt.
Praktische Folgerungen.

Die praktische Tendenz der im Vorstehenden mitgetheilten Untersuchungen legt es nahe, dass wir, am Schlusse unserer

Arbeit angelangt, zusehen, welchen Gewinn die Elektrotherapie der Rückenmarkskrankheiten aus derselben zu ziehen in der Lage ist. Um diesen Gewinn genauer zu fixiren, ist es nöthig, dass wir zunächst festzustellen versuchen, was die bisherigen Erfahrungen der elektrotherapeutischen Praxis an leitenden Gesichtspunkten für die Methodik der Rückengalvanisation ergeben haben. Die Erfüllung dieser Forderung stösst jedoch auf Schwierigkeiten. Ein Blick in die Literatur zeigt uns, dass bei der Anwendung der Galvanisation des Rückens bisher dem individuellen Ermessen des Elektrotherapeuten ein Spielraum gegeben war, wie kaum bei irgend einer anderen elektrotherapeutischen Procedur, dass sozusagen jeder Fachgenosse sich seine eigenen Methoden construirte und diese als die zweckmässigsten erachtete. Nur zwei Punkte sind es, bezüglich deren in neuerer Zeit in Fachkreisen zwar nicht völlige Uebereinstimmung, aber auch nicht jene Divergenz der Meinungen wie bezüglich der übrigen Details der Methodik sich kundgibt. Diese zwei Punkte sind folgende: 1) dass man bei in der Längsrichtung des Rückenmarkes sich ausbreitenden Erkrankungen beide Pole an die Wirbelsäule und zwar vorzugsweise einen Pol an den Nacken, den anderen an die Lendenwirbelsäule setzt und des Weiteren entweder beide Pole stabil belässt oder je einen derselben langsam die Wirbelsäule entlang verschiebt; 2) dass man bei umschriebenem Krankheitssitze von der horizontalen Stromeinleitung Gebrauch macht, i. e. einen Pol an die Vorderfläche des Körpers, den anderen an die Wirbelsäule über die erkrankte Rückenmarkspartie placirt und hiebei für die Application an den Rücken die Anode vorzieht, wenn es sich um frischere Krankheitsprocesse oder solche mit erheblichen Reizerscheinungen handelt. Ich werde mich im Nachstehenden begnügen, die für die elektrotherapeutische Praxis wichtigsten Gesichtspunkte hervorzuheben, welche sich aus den Ergebnissen meiner Untersuchungen ableiten lassen. Es sind diess folgende:

1) Bei Application beider Pole an die Wirbelsäule und Fixirung des einen derselben an den Nacken hat man es nicht bloss mit directen localen Wirkungen in das Rückenmark eindringender Stromschleifen zu thun; neben diesen kommen Modificationen in den Circulations- und Ernährungsverhältnissen des gesammten Rückenmarkes zur Geltung, welche von der Einwirkung des Stromes auf die obersten Markpartieen allein abhängen. Es ist daher möglich, durch stabile Application beider Pole an den Rücken, soferne ein Pol an die Halswirbelsäule zu stehen kommt, einen Einfluss auf das gesammte Rückenmark auszuüben, obwohl hiebei die Durchströmung der einzelnen Rückenmarkspartieen eine sehr ungleichmässige ist.

2) Bei Application beider Pole an den Rücken kommt die Stromrichtung für die Art der zu erzielenden katalytischen

Wirkungen nur dann in Betracht, wenn ein Pol an die Halswirbelsäule applicirt wird. In den Fällen, in welchen man reducirend auf die Blutfülle im Rückenmarke einzuwirken Anlass hat, ist die Application des negativen Poles an die Halswirbelsäule, i. e. der aufsteigende Strom vorzuziehen, wo man dagegen die Circulationsvorgänge im Rückenmarke beschleunigen, die Blutzufuhr in demselben vermehren will, ist der absteigende Strom zu wählen. Die Verwerthung dieser Indicationen stösst allerdings vorerst noch auf ernste Schwierigkeiten, denn es sind nicht nur unsere Kenntnisse bezüglich des pathologisch-anatomischen Substrates, auf das wir einzuwirken haben, vielfach sehr unvollkommen, sondern es mangelt uns auch jeder tiefere Einblick in die Vorgänge, durch welche bei einer gegebenen Ernährungsstörung in den Nervencentren die restitutio ad integrum herbeigeführt oder gefördert wird.

3) In den localen Einwirkungen beider Pole auf die Ernährungsvorgänge im Rückenmarke besteht kein wesentlicher Unterschied.

4) Dagegen ist eine entschiedene Differenz in den localen Wirkungen beider Pole auf die Erregbarkeitsverhältnisse nicht in Abrede zu stellen. Diese Differenz kommt in erster Linie in der Einwirkung auf die Nervenwurzeln, in zweiter Linie erst in der Beeinflussung der Marksubstanz selbst zur Geltung, da letztere für den galvanischen Reiz viel weniger empfindlich ist als erstere.

5) Bei umschriebenen Krankheitsherden ist daher für die Wahl des am Krankheitssitze zu applicirenden Poles zunächst das Vorhandensein oder Fehlen von Reizerscheinungen seitens der Nervenwurzeln entscheidend. Reizerscheinungen seitens der letzteren indiciren die Application der Anode. Bei gesteigerter (Reflex-) Erregbarkeit im Bereiche einer Rückenmarkspartie und Mangel specieller Wurzelreizsymptome ist dagegen die Kathode am Krankheitssitze zu bevorzugen.

6) Bei umschriebenen Krankheitsherden tritt die Application beider Elektroden an die Wirbelsäule, derart, dass die eine an den Nacken, die andere über die erkrankte Rückenmarkspartie gesetzt wird, in Concurrenz mit der horizontalen Einleitung des Stromes.

Die vorstehend angeführten Sätze entsprechen, wie wir sehen, z. Th. den schon von einzelnen Elektrotherapeuten aus der Erfahrung abgeleiteten Gesichtspunkten für die Methodik der Rückengalvanisation. Soweit diess der Fall ist, dürfen die von mir gezogenen Schlussfolgerungen wohl ohne Weiteres auf allgemeine Berücksichtigung Anspruch erheben. Den Bedenken dagegen, die sich vielleicht da und dort gegen die praktische Verwerthung der in obigen Sätzen enthaltenen neuen und noch der Bestätigung durch die Erfahrung harrenden Gesichtspunkte erheben, möchte ich nur folgende Erwägung entgegenstellen. Sicher ist, dass in therapeutischen Angelegenheiten nur die Erfahrung das letzte Wort zu sprechen hat. Allein so lange wir auf einem therapeutischen Gebiete der entscheidenden Erfahrungen ermangeln, wird es immerhin rathsamer und rationeller sein, an der Hand physiologischer Thatsachen vorzugehen als dem Zufall allein den Erfolg unseres Handelns anzuvertrauen.

VII. Abschnitt.
Ueber die therapeutischen Wirkungen der faradischen Pinselung bei spinalen Erkrankungen.

In einem im April verflossenen Jahres publizirten Aufsatze „Ueber die Behandlung von Gehirn- und Rückenmarkskrankheiten vermittelst des Inductionsstromes" habe ich bereits auf die Erfolge hingewiesen, die mehrere Beobachter (Schulz, Meyer, Leyden) durch Anwendung der faradischen Pinselung bei Rückenmarkskrankheiten erzielten. Mittlerweile veröffentlichte Rumpf[112]) in Düsseldorf eine Reihe von Fällen, in welchen durch methodische faradische Pinselung der Haut nicht bloss Besserung, sondern sogar Heilung verschiedener spinaler Leiden (Myelitis transversa mit Neuritis optica, Tabes dorsalis, Rückenmarkshyperämie, resp. Neurasthenia spinalis) herbeigeführt wurde. Die Methode der faradischen Hautreizung, welche Rumpf anwendet, besteht darin, dass jede Hautstelle der Extremitäten sowie des Rumpfes zweimal mit dem Pinsel bestrichen wird, derart, dass jede Sitzung etwa 10—12 Minuten in Anspruch nimmt. Als Stromstärke wird eine Intensität gewählt, die eben hinreicht, um vom Nervus medianus in der Ellenbogenbeuge aus Contractionen zu erzielen. Diese Behandlungsmethode ist eine ziemlich schmerzhafte und nicht jeder Patient geneigt, sich derselben zu unterziehen. Bisher hatte ich nur in drei Fällen Gelegenheit, dieselbe stricte durchzuführen (ein Fall von Myelitis transversa von dreimonatlicher Dauer, zwei Fälle von Tabes von je acht- und elfmonatlicher Dauer). In allen diesen Fällen war bereits die Galvanisation des Rückens u. z. Th. auch Hydrotherapie ohne jeden Erfolg angewendet worden. Ich konnte hier zwar weder eine Heilung, noch auch nur eine bedeutende Besserung des Gesammtzustandes erzielen; aber einzelne Symptome wurden wenigstens in zweien dieser Fälle in ganz deutlicher Weise günstig beeinflusst. Ich habe ferner bei einer erheblichen

Anzahl von Rückenmarkskranken von der faradischen Pinselung umschriebener Hautpartieen Gebrauch gemacht, um einzelne spinale Symptome zu bekämpfen, und hiebei unbezweifelbare Erfolge wahrgenommen. Endlich habe ich nach der faradischen Exploration sowie nach der therapeutischen Faradisation von Extremitätenmuskeln zu wiederholten Malen Aenderungen in bestehenden Krankheitserscheinungen (z. B. auffallende Besserung einer Blasenlähmung) beobachtet, die nur als Reflexwirkungen, ausgehend von der hiebei unvermeidlichen faradischen Hautreizung, gedeutet werden können.

Wenn ich nun meine klinischen Erfahrungen, welche sich auf die Wirkungen der faradischen Hautreizung beziehen, zusammenfasse, so ergibt sich Folgendes:

A. Beeinflussung von Sensibilitätsstörungen.

1. Beseitigung von Schmerzen. Diese Wirkung konnte ich wiederholt bei Tabetikern, die mit lancinirenden Schmerzen behaftet waren, in deutlichster Weise beobachten. Pinselung der Hautpartieen über den Stellen, an welchen die Schmerzen am intensivsten wütheten, unterdrückte diese sofort; daneben zeigten sich einige Male noch andere und zwar ganz unerwartete Effecte, auf welche wir weiter unten zu sprechen kommen werden.

2. Verringerung von Parästhesieen. Die Gefühle der Schwere Taubheit, Kälte u. s. w. an den unteren Extremitäten, welche bei spinalen Erkrankungen so oft sich finden, sah ich sowol nach Anwendung der Rumpf'schen Methode als nach Pinselung umschriebener Hautpartieen an den unteren Extremitäten öfters sich beträchtlich verringern; hiebei handelt es sich jedoch meist um vorübergehende Wirkungen.

3. Besserung der Sensibilität.

Diese gibt sich in mehrfacher Weise kund. Am häufigsten findet es sich, dass bei längerem Bepinseln von Hautpartieen, an welchen die Sensibilität herabgesetzt ist, schon bei geringeren Stromstärken Schmerz erregt wird als beim Beginne der Pinselung, oder dass an Hautstellen, an welchen eine Schmerzempfindung anfänglich überhaupt nicht zu erzielen war, eine solche allmälig auftritt. Oefters lässt sich auch nachweisen, dass während oder unmittelbar nach der Faradisation der Rayon der Sensibilitätsstörung sich verkleinert. Auch die Empfindlichkeit für tactile Eindrücke bessert sich häufig; so wird namentlich nach Faradisation der Fusssohlen nicht selten das Bodengefühl sofort deutlicher. Auch diese Wirkungen sind recht häufig vorübergehender Natur.

B. Beeinflussung von Motilitätsstörungen.

Diese sah ich sowohl nach faradischer Pinselung umschriebener Hautpartieen als nach der Faradisation von Extremitätenmuskeln eintreten. In zwei Fällen erwies sich die Pinselung eines Fussrandes von ganz auffallender Wirkung in dieser

Richtung. Bei einem Tabetiker, der wegen lancinirender Schmerzen am äusseren Fussrande gepinselt wurde, trat wiederholt nach der Pinselung neben der Beseitigung der Schmerzen eine mehrere Stunden anhaltende geradezu merkwürdige Besserung in der Leistungsfähigkeit der Beine ein, so dass Patient z. B. ohne Unterstützung die Stiege hinauf oder herab gehen konnte, während er sonst Schwierigkeiten hatte, sich mit Hilfe eines Stockes auf ebenem Boden fortzubewegen. Bei einem anderen Patienten, (Fall von Rückenmarksblutung), bei welchem die Pinselung des äusseren Fussrandes wegen Anaesthesie vorgenommen wurde, trat ebenfalls eine durch eine Anzahl von Stunden sich erhaltende beträchtliche Erhöhung in der Kraft und Sicherheit beider Beine ein, auf welche mich Patient selbst (ebenso wie P. im vorhergehenden Falle) aufmerksam machte. Nach Faradisation der Muskulatur eines Beines konnte ich wiederholt vorübergehend eine beträchtliche Zunahme der Motilität nicht bloss in dem faradisirten sondern auch im anderen Beine constatiren.

C. Beeinflussung von Störungen der Blasen- und Mastdarmfunctionen.

Auffallende Besserung von Lähmungs- und Schwächezuständen der Blase habe ich sowohl nach Anwendung der Rumpf'schen Methode als nach Pinselung umschriebener Hautparticen an den unteren Extremitäten und dem Gesässe, in einem Falle auch nach faradischer Exploration der Muskulatur der unteren Extremitäten beobachtet. Der Erfolg war in einzelnen Fällen ein dauernder, in den übrigen hielt er wenigstens längere Zeit an. Beseitigung von Paresen des Sphincter ani und von Neigung des Afters zum Prolabiren sah ich wie Leyden wiederholt nach Pinselung der Haut am Gesässe und Damme.

D. Reflexhemmende Wirkungen.

In einem Falle von Myelitis transversa (v. S. 28) mit völliger Unbeweglichkeit und tetanoider Streckung der Beine trat jedes Mal, wenn man den faradischen Pinsel bei Anwendung eines beträchtlichen Stromes auf dem Rücken der Zehen einige Augenblicke ruhen liess, eine mächtige Beugung des Beines im Knie und Hüftgelenke ein, so dass dasselbe nahezu ad maximum gegen das Becken flectirt wurde. Die an dieser Beugebewegung nicht betheiligten Muskeln blieben hiebei völlig erschlafft, solange der Pinsel auf den Zehenrücken stand. **Häufig ging der Beugung einige Zeit eine Erschlafung der gesammten Muskulatur der Extremitäten vorher.** Diese Wirkung liess sich an beiden Beinen, aber nur von den Zehen aus hervorrufen. Unmittelbar nach Entfernung des Pinsels trat wieder die frühere Steifigkeit der Beine ein. Diese konnte P. durch willkürliche Bewegung nicht überwinden, dagegen war er

im Stande, das durch Faradisation der Zehen reflectorisch im Knie- und Hüftgelenk gebeugte Bein willkürlich zu strecken. Die vorstehend erwähnten Wirkungen der faradischen Hautreizung scheiden sich, wie wir sehen, in zwei Gruppen
a) in dynamogene Wirkungen,
b) in Hemmungseffecte.

Was zunächst den Mechanismus der dynamogenen Wirkungen anbelangt, so ist darüber z. Z. Genaueres nicht bekannt; wir sind betreffs derselben lediglich auf Vermuthungen angewiesen. Bei den hier in Betracht kommenden Vorgängen an eine positive Vermehrung der Kräfte der centralen Mechanismen zu denken, scheint mir mehr als gewagt. Näher liegt gewiss die Annahme, dass es sich um eine Beseitigung von Hemmungen, eine Freimachung von so zu sagen obstruirten Bahnen handelt. Eine solche Wirkung könnte z. Th. durch centrale Irradiationen von der Peripherie kommender kräftiger Erregungen, wie sie die cutane Faradisation bedingt, z. Th. durch den Einfluss, welchen die faradische Hautreizung auf die Circulationsvorgänge im Rückenmarke ausübt, vermittelt werden. Nach meinen experimentellen Erfahrungen bewirkt faradische Hautreizung zunächst eine Erweiterung der Rückenmarksarterien; diese ist wahrscheinlich von einer ergiebigen Verengerung der betreffenden Gefässe gefolgt; wir können Letzteres wenigstens nach dem bezüglich der Einwirkung von Sinapismen auf die Piagefässe des Gehirns Ermittelten annehmen. Durch diese Aenderung in den Circulationsvorgängen mag in den entzündeten Rückenmarkspartieen oder wenigstens in deren Umgebung die Füllung ausgedehnter Capillaren verringert, transsudirtes Serum zur Resorption gebracht und hiedurch der Druck auf einzelne Nervenfasern (und Zellen) verringert werden, welche nunmehr ihre Function als Leitungsbahnen wieder aufzunehmen im Stande sind.

Von den Hemmungswirkungen, die hier in Frage sind, kommt wohl nur der Schmerzbeseitigung eine besondere praktische Bedeutung zu. Man könnte sich begnügen, diese auf die bekannte physiologische Erfahrung zurückzuführen, dass ein in einem Centrum sich abspielender Erregungsvorgang durch eine zweite in dasselbe Centrum eintretende Erregung oft ausgelöscht wird. Allein das Vorkommen von dynamogenen Wirkungen als Begleiterscheinungen der Schmerzstillung scheint mir mehr darauf hinzuweisen, dass auch hier vielleicht Einwirkungen auf die Circulationsvorgänge im Rückenmarke im Spiele sind.

Man kann nach den vorliegenden Erfahrungen der faradischen Hautpinselung wohl keine untergeordnete Stellung in der Therapie der Rückenmarkskrankheiten anweisen. Allgemeineren Eingang in die Praxis dürfte jedoch diese Methode erst nach Beseitigung zweier z. Z. noch sehr fühlbarer Schwierigkeiten finden. Zunächst handelt es sich um Ausscheidung derjenigen Fälle, welche sich speciell für diese Behandlungsmethode eignen. In dieser Beziehung liegt vorerst nur eine Meinungsäusserung von Rumpf vor. Rumpf räth bei Tabes dorsalis die faradische Pinselung (in Verbindung mit antiluetischer Behandlung) vor Allem in jenen Fällen, in welchen Schmerzen und Sensibilitätsstörungen noch im Vordergrund stehen und die Ataxie noch nicht sehr ausgesprochen ist. Es dürften jedoch gerade in diesen Fällen durch andere Behandlungsmethoden (Galvanisation, Hydrotherapie) gleich günstige Resultate zu erzielen sein. Sodann ist in Anbetracht der Schmerzhaftigkeit der Procedur das zu bestreichende Hautterain soweit einzuschränken, als es unbeschadet der zu erwartenden Erfolge geschehen kann. Nach meinen Beobachtungen und denen anderer Autoren scheinen einzelne Hautpartieen in einem speciellen Connexe zu bestimmten spinalen Centren oder Markabschnitten zu stehen, derart, dass von denselben aus die Ernährung und Erregbarkeit dieser Theile leichter beeinflusst wird als von anderen Hautpartieen aus. So ist es gewiss kein Zufall, dass lediglich die Pinselung eines Fussrandes in zweien meiner Fälle eine ganz auffallende Besserung der Motilität und die der Zehen allein eine Erschlaffung der tetanisch starren unteren Extremitäten im einem dritten Falle verursachte. Diese Thatsachen stehen in Parallele zu der Erfahrung, dass intensive Erkältung oder Durchnässung der Füsse, — also thermische Reizung der Hautnerven an diesen Theilen — unter Umständen eine Ischias ebensowol als eine Myelitis des Lendenmarkes herbeizuführen im Stande ist. Dass lancinirende Schmerzen am sichersten durch Pinselung der Hautpartieen am Sitze des Schmerzes und Störungen der Blasen- und Mastdarmfunctionen durch Pinselung der Haut am Gesässe und in dessen Umgebung beeinflusst werden, ist von diesem Gesichtspunkte aus sehr einleuchtend. Diesen Umständen gegenüber scheint mir der Gedanke nahezuliegen, dass sich wenigstens in vielen Fällen die durch faradische Hautpinselung überhaupt zu erzielenden therapeutischen Effecte vielleicht schon durch Bestreichen bestimmter sehr beschränkter Hautpartieen herbeiführen lassen. Inwieweit diese Vermuthung zu Recht besteht, und welche Hautpartieen in dem einen, welche in dem anderen Falle zu bevorzugen sind, hierüber können jedoch nur ausgedehntere therapeutische Erfahrungen entscheiden.

Literatur-Verzeichniss.

1. Remak, Galvanotherapie der Nerven- und Muskelkrankheiten, 1858, S. 443.
2. v. Ziemssen, die Elektricität in der Medicin, 3. Aufl., 1866, S. 58.
3. Erb, Deutsches Archiv f. klin. Medicin, 3. Band, 2. u. 3. Heft, 1867, S. 254 u. f.
4. Brenner, Untersuchungen und Beobachtungen auf dem Gebiete der Elektrotherapie, 2. Bd., 1869, S. 82.
5. Burckhardt, Deutsches Archiv f. klin. Medicin, 8. Band, 1. Heft, 1870, S. 103.
6. v. Ziemssen, l. c., 4. Aufl., 1872, S. 37.
7. Ferrier und Yeo, Erlenmeyer's Centralblatt für Nervenheilkunde, 1. Mai 1881, S. 199.
8. Kahler & Pick, Archiv f. Psychiatrie, 10. Band, S. 353, 1880.
9. Helmholtz, Verhandlungen des naturhist. med. Vereins zu Heidelberg 1869, Band V, S. 14.
10. Longet, Anatomie et Physiologie du Syst. Nerv. t. II., p. 272.
11. E. Weber, Wagners Handwörterbuch, 1846, Theil III., Abth. 2.
12. Van Deen, Moleschotts Untersuchungen, 7. Band, S. 380—392, 1860.
13. Schiff, Lehrbuch der Physiologie, 1858, S. 237—287.
14. Chauveau, Journal de la physiologie de l'homme et des animaux, 1861, S. 51—60 u. S. 367.
15. P. Guttmann, Reicherts und Dubois-Reymonds Archiv, 1866, Heft 1, S. 140.
16. Engelken, Reichert's und Dubois-Reymond's Archiv, 1867, Heft 2, S. 198.
17. Wislockiego, Warschauer medicinische Zeitung, 1867, No. 13.
18. S. Mayer, Pflüger's Archiv, 1868, S. 166.
19. Fick, Pflüger's Archiv, 1869, S. 414.
20. Budge, Pflüger's Archiv, 1869, S. 511.
21. Aladoff, Bullet. de l'acad. de St. Petersbourg, XV, 15—21, 1869.
22. Huizinga, Pflüger's Archiv, 1870, 2. u. 3. Heft, S. 81.
23. Mumm, Berl. klin. Wochenschrift, Nr. 1, S. 8, 1870.
24. C. Dittmar, Berichte der kgl. sächs. Gesellschaft der Wissensch., math. physik. Classe, 1870, S. 18 u. f.
25. Wolski, Pflüger's Archiv, 1872, S. 290.
26. Gianuzzi, Ricerche eseguite nel gabinetto di fisiologia di Siena, 1872, S. 8. Mir im Original nicht zugänglich.
27. Luchsinger, Pflüger's Archiv, 1880, S. 169.
28. Bernstein, Moleschotts Untersuchungen, 10. Band, S. 280.
29a. Onimus, Journal de l'anatomie et de la physiologie, 1880, 631.
29b. Rossbach, Sitz.-Ber. der Würzburger physik.-medic. Gesellsch., 1880. XIV; ferner Lehrbuch der physikalischen Heilmethoden, 2. Hälfte 1882, S. 363.
30. Nobili, Memorie ed osservazioni edite ed inedite, Firenze 1834, Vol. I, p. 153—156.
31. Matteucci, Comptes rendus etc. vol. VI, Mai 1838.
32. Matteucci, traité des phénomènes électro-physiologiques des animaux, Paris 1844, S. 270.

33. Baierlacher, die Inductionselektricität in physiol.-therapeut. Beziehung, 1857, S. 102 u. f.
34. Kunde, Würzburger Verhandlungen, VIII, S. 175.
35. Kunde, Virchow's Archiv, XVIII, S. 357, 1860.
36. Ranke, Zeitschrift für Biologie, 2. Band, 3. Heft, S. 398, 1866.
37. Legros und Onimus, Memoires de la Société de biologie, Mai 1868, und Traité d'électricité médicale, Paris 1872, S. 276.
38. Uspensky, Centralblatt f. d. med. Wissensch., Nr. 37, 1869, 14. Aug.
39. S. Mayer, l. c. (vide Nr. 18.)
40. Mendel, Berliner klin. Wochenschr. 21. Sept. 1868.
41. Legros und Onimus, traité d'électricité médic. 1872, S. 408.
42. Legros und Onimus, l. c. S. 279 u. f.
43. Leyden, Klinik der Rückenmarkskrankheiten, 1. Band, S. 186.
44. Leyden, l. c. S. 187.
45. Bärwinkel, Schmitt's Jahrb. 1872, Nr. 2, S. 210.
46. Fieber, Compendium der Elektrotherapie, Wien 1869, letzte Seite.
47. Holst, Dorpat. med. Zeitschr. II, 1. p. 62, 1881.
48. Schivardi, Gaz. med. ital. Lombard., Nr. 22, 1866.
49. Lagneau, Bullet. de l'Acad. de méd. Nr. 37, 1880.
50. Erb, von Ziemssen's Handbuch, 11. Band, 2. Hälfte, 2. Aufl. 1878, S. 194.
51. Schiff, Lehrbuch der Physiologie, 1858, S. 229.
52. v. Ziemssen, die Elektricität in der Medicin, 4. Aufl. S. 48.
53. S. Herrmann, Handbuch der Physiologie, 2. Band, 2. Theil, 1879, S. 81.
54. Naumann, Prager Vierteljahrsschrift, Band 77 u. 93, und Pflügers Archiv 1872, Band V, S. 196.
55. Schüller, Berl. klin. Wochenschrift, 1874, No. 25 u. 26.
56. Vergl. Meyer, die Elektricität in ihrer Anwendung auf prakt. Medicin, 3. Aufl., S. 325 u. 331, ferner Berl. klin. Wochenschrift Nr. 51, 1875, Legros und Onimus, traité etc. S. 450, Benedict, Nervenpathologie und Elektrotherapie 1874, S. 128, Brenner, Berl. klin. Wochenschr. Nr. 21, 1880.
57. Legros und Onimus, Traité etc., S. 93.
58. Leyden, Klinik der Rückenmarkskrankheiten, 1. Band, S. 187.
59. Rieger und v. Forster, Gräfe's Archiv für Ophth. Bd. 27, III. 1881.
60. Hiffelsheim, Des applications médicales de la pile de Volta, 1861, p. 15.
61. Flies, Deutsche Klinik, 1868, Nr. 49, 5. Dec.
62. Rosenthal, Klinik der Nervenkrankheiten, 2. Aufl., 1875, S. 369.
63. Seeligmüller, Correspondenzbl. des Vereins der Aerzte des Regbz. Morseburg, 1867, Nr. 7.
64. Leyden, Klinik der Rückenmarks-Krankh. S. 186.
65. Flies, l. c.
66. Legros und Onimus, vide Nr. 42.
67. Brown-Sequard, citirt bei Benedict, Nervenpathologie S. 102.
68. Benedict, l. c. S. 102.
69. Rosenthal, Klinik der Nervenkrankheiten, S. 369.
70. Meyer, die Elektricität etc. 3. Aufl., S. 157.
71. Arndt, Arch. f. Psychiatrie, II. Band, 3. Heft, S. 559.
72. Vergl. François-Frank, Gaz. méd. de Paris, 1879, Nr. 41.
73. Leyden, l. c. S. 186.
74. Onimus, Journ. de l'anatomie etc. 1874, S. 456.
75. Schiel, Deutsches Arch. f. klin. Medicin, 27. Band, 3. u. 4. Heft, S. 241, 1880.
76. Heidenhain, physiologische Studien, Berlin 1856.
77. Richter, Schmitt's Jahrb. 1872, 5. Heft, S. 220.
78. Legros und Onimus, traité etc. S. 448.
79. Erb, Rückenmarkskrankheiten, 2. Aufl., S. 716.

80. Legros und Onimus, traité etc., S. 462.
81. Leyden, l. c. S. 185.
82. Mossdorf citirt bei Erdmann, Die Anwendung der Elektricität in der praktischen Medicin, 4. Aufl., 1877, S. 240.
83. Erdmann, l. c. S. 260.
84. Raynaud, Th., Paris 1862; Arch. génér. de médecine, janvrier et février 1874. Grasset, Maladies du Syst. nerv. t. II. S. 247, 1879.
85. Benedict, Elektrotherapie 1868, p. 222 u. f., u. Nervenpathologie etc., 2. Theil, S 609.
86. Arndt, Arch. f. Psychiatrie, 2. Band, 2. Heft, S. 335, 1870, und 2. Band, 3. Heft, S. 546.
87. Hitzig, v. Ziemssen's Handbuch, 11. Band, 1. Hälfte, 2. Aufl., S. 1086.
88. Schüle, v. Ziemssen's Handbuch, 16. Band, S. 682, 1879.
89. Vergl. Neftel, Arch. f. Psych. 10. Band, 3. Heft, S. 593, 1880.
90. Benedict, Nervenpathologie etc., S. 256.
91. Fieber, Compend. der Elektrotherapie, S. 94.
92. Legros und Onimus, traité etc., S. 395 u. f.
93. Leube, Berl. klin. Wochenschr., Nr. 39, 1874.
94. Rosenthal, Klinik der Nervenkrankh., 2. Aufl., 1875, S. 588.
95. Rosenthal, l. c. 566, 570.
96. Fieber, l. c. S. 93.
97. Legros und Onimus, l. c. S. 488 u. 493.
98. Remak, Galvanotherapie, S. 268—271 u. S. 446.
99. v. Krafft-Ebing, Deutsches Arch. f. klin. Medicin, 9. Bd., 3. Hft., S. 275, 1872.
100. L. u. O., l. c., S. 491, 486.
101. Leyden, l. c., S. 187.
102. Erdmann, l. c., S. 220.
103. Erb, Rückenmarkskrankheiten, 2. Aufl., S. 194; vergl. auch Elektrotherapie, 2. Hälfte, S. 362 u. 363.
104. Benedict, Nervenpathologie etc., S. 127.
105. Althaus, treatise on medical electricity, 2. Aufl., S. 575.
106. Clemens, Ueber die Heilwirkungen der Elektricität, Frankfurt 1876—1879, S. 195 u. S. 357.
107. S. Mayer, Zeitschrift f. Heilkunde (Fortsetz. der Prager Vierteljahrsschrift) 2. Band, 2. u. 3. Heft, S. 154.
108. Benedict, Erlenmeyer's Centralblatt f. Nervenheilkunde etc. No. 2, 1882. S. 32.
109. Schultze, Arch. f. Psychiatrie, 12. Band, 1. Heft, S. 232, 1881.
110. Long Fox, Lancet, Jan. 7., 1882.
111. Benedict, Erleumeyer's Centralbl., l. c.
112. Rumpf, ärztl. Vereinsblatt, April 1881. Deutsche med. Wochenschrift 1881, Nr. 32 u. f. Neurol. Centralblatt, Nr. 1 u. 21, 1882.